高比例分布式光伏接入配电网规划与运行技术

江苏省电力试验研究院有限公司　组编

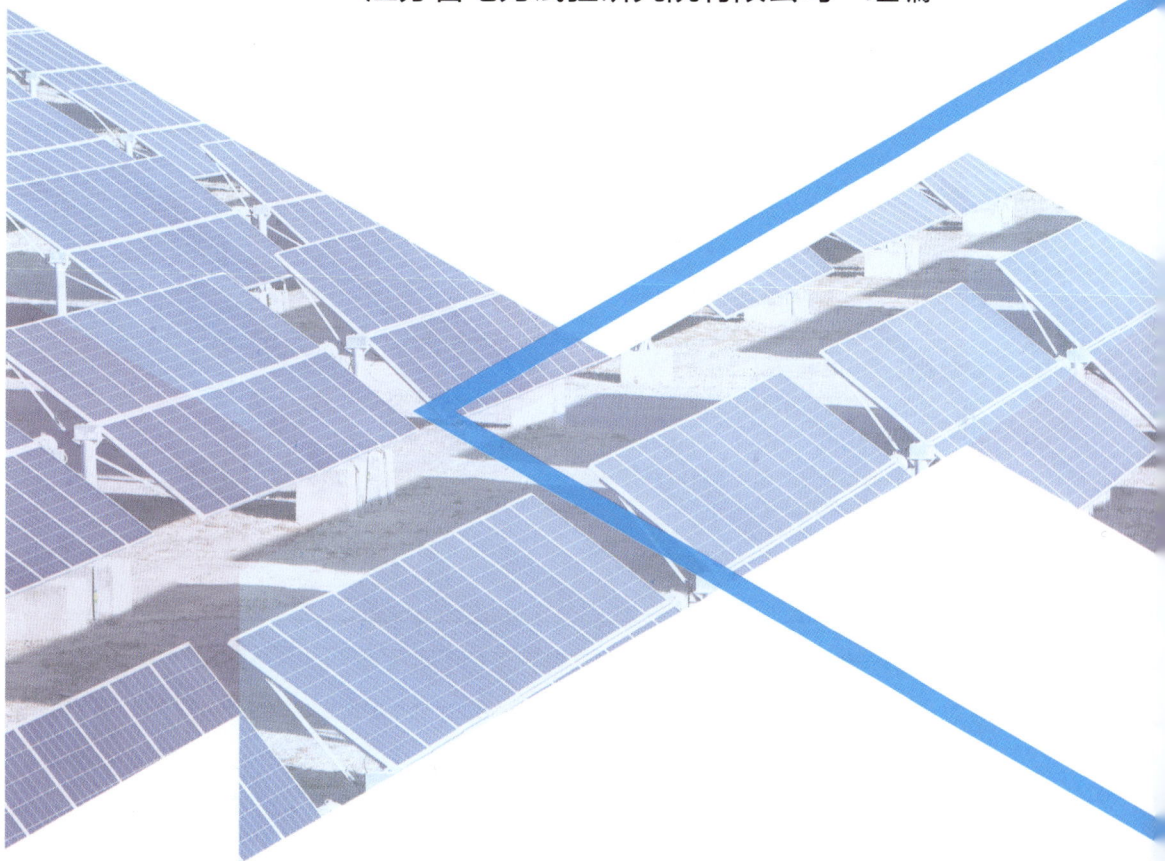

中国电力出版社
CHINA ELECTRIC POWER PRESS

内 容 提 要

本书主要介绍高渗透率分布式光伏接入配电网的影响机理、关键技术及工程实践，特别关注高渗透率条件下的技术挑战与解决方案。全书共分 7 章，包括概述、光伏发电系统、高渗透率光伏接入配电系统功率预测、配电网分布式光伏承载力评估分析、配电网接入分布式光伏监控、高渗透率光伏接入后配电网保护配置配电网，以及扬中整县光伏接入示例。

本书适合电力系统工程技术人员、科研院所研究人员、高校师生及新能源开发应用相关人员阅读参考。

图书在版编目（CIP）数据

高比例分布式光伏接入配电网规划与运行技术 / 江苏省电力试验研究院有限公司组编 . -- 北京：中国电力出版社，2025.7. -- ISBN 978 - 7 - 5198 - 7513 - 8

Ⅰ. TM615

中国国家版本馆 CIP 数据核字第 2025B9S076 号

出版发行：中国电力出版社
地　　址：北京市东城区北京站西街 19 号（邮政编码 100005）
网　　址：http://www.cepp.sgcc.com.cn
责任编辑：王蔓莉（010-63412791）
责任校对：黄　蓓　马　宁
装帧设计：郝晓燕
责任印制：石　雷

印　　刷：三河市万龙印装有限公司
版　　次：2025 年 7 月第一版
印　　次：2025 年 7 月北京第一次印刷
开　　本：787 毫米×1092 毫米　16 开本
印　　张：10
字　　数：222 千字
定　　价：65.00 元

编　委　会

主　　编　史明明

副 主 编　袁宇波　刘　建　葛雪峰　卜强生

参编人员　张宸宇　李　娟　罗　飞　郭　宁　周　琦

　　　　　　刘瑞煌　王鑫达　肖小龙　郭佳豪　吴　凡

　　　　　　陆晓星　郑　仙　庄舒仪　叶志刚　杨晓岚

前　　言

在全球能源转型与低碳发展的大背景下，分布式光伏发电作为清洁能源的重要组成部分，其大规模接入电网已成为能源变革的重要趋势。本书的编写，正是基于对高渗透率分布式光伏接入配电网这一前沿技术领域的深入研究与广泛需求，旨在为读者提供一本系统、全面且具前瞻性的参考书籍。

随着"双碳"目标的提出和可再生能源技术的快速发展，光伏发电装机容量呈现爆发式增长。特别是分布式光伏发电，以其灵活性、就近消纳的特点，在城乡配电网中得到广泛应用。然而，高渗透率分布式光伏的接入也给传统配电网带来了前所未有的挑战，包括双向潮流、电压波动、功率预测、保护配置等一系列技术问题。本书通过深入剖析光伏发电系统原理、功率预测技术、承载力评估、监控系统、保护配置等关键技术，为构建安全、可靠、经济、高效的新型配电系统提供了重要的理论支撑和实践指导。

目前光伏组件效率的不断提高、逆变器技术的快速迭代和系统成本的显著降低，分布式光伏发电已经具备了大规模推广应用的经济性和技术可行性。同时，国家层面对整县屋顶分布式光伏开发的政策支持，以及电网企业对新型配电网建设的持续投入，为分布式光伏的发展提供了广阔的市场空间和坚实的基础设施保障。在此背景下，本书以扬中整县光伏接入工程为实例，系统总结了高渗透率分布式光伏配电网关键技术的应用经验与创新成果撰写而成。

本书共分为 7 章。第 1 章为概述，综述光伏发电发展背景及国内外现状，分析大量分布式光伏接入对配电网的影响，明确光伏发电在新型电力系统中的重要地位。第 2 章为光伏发电系统，详细介绍了光伏发电系统基础知识，包括光伏电池与光伏阵列、DC/DC 直流变换电路、最大功率点跟踪（maximum power point tracking，MPPT）、逆变器控制策略等核心技术，同时探讨了光储一体化及配电网光伏对配电网稳定性的影响。第 3 章为高渗透率光伏接入配电系统功率预测，阐述了光伏输出特性、光伏功率预测模型和台区负荷预测模型，揭示了光伏功率预测的关键技术，为配电网实时功率调控和调度决策提供理论支撑。第 4 章为配电网分布式光伏承载力评估分析，建立了台区光伏承载力评估指标体系，分析了台区光伏承载力指标，提出了台区光伏承载力评估方法和流程，为科学评估配电网光伏接纳能力提供了方法论指导。第 5 章为配电网接入分布式光伏监控，分析了配电网分布式光伏接入存在的问题，介绍了监控系统概述和当前光伏监控系统的做法，探讨了群控群调网络建立和工程实现，为分布式光伏的实时监测与管理提供了技术参考。第 6 章为高渗透率光伏接入后配电网保护配置，全面介绍了高渗透率光伏接入对配电网保护影响分析、高渗透率光伏台区配电网保护配置方法，并通过整县光伏对继电保护影响的仿真分析验证了方法的有效性，为保障高渗透率光伏环境下配电网安全运行提供了重要支持。第 7 章为扬中整县光伏接入示例，详细介绍了扬中电网概况、研究思路及方法、关键问题分析研究和示范工程进展，通过具体案例验证了高渗透率分布式光伏接入配电网的技术可行性和实施效果。

在编写过程中，编者系统梳理了高渗透率光伏并网技术、配电网主动支撑策略等领域的最新研究成果，重点参考了国内整县光伏试点项目的实践经验。为确保技术体系的科学性，组建了由电力系统保护、分布式能源并网领域权威专家构成的审校团队，对光伏承载力评估方法、逆变器协同控制策略等核心技术环节进行了多轮论证。本书的编写大纲由全体作者讨论审定。本书的第 1 章由史明明、葛雪峰编写，第 2 章由葛雪峰、杨晓岚编写，第 3 章由刘建、周琦编写，第 4 章由郭宁、史明明、肖小龙编写，第 5 章由卜强生、罗飞、庄舒仪、叶志刚编写，第 6 章由李娟、刘瑞煌编写，第 7 章由王鑫达、郭佳豪、杨晓岚编写。史明明、葛雪峰、卜强生负责全书的审定，负责全书的修订。同时，本书的编写得到了新能源并网技术领域众多专家学者和工程技术人员的鼎力支持，在此谨向所有为本书提供理论支撑、工程数据和专业指导的业界同仁致以诚挚谢意。

尽管编写团队立足新型电力系统建设需求，对高渗透率光伏接入引发的电压波动、继电保护适配等核心问题进行了深入探讨，但鉴于分布式光伏接入场景的复杂性与多样性，书中关于多能互补系统协调控制、海量分布式资源聚合调控等前沿领域的论述仍需持续完善。热忱欢迎广大读者，特别是电力系统规划、新能源并网领域的研究者提出专业建议。期待本书能为推进"双碳"目标下的配电网形态演进提供理论参考，为构建"强交互、高弹性"的新型配电系统贡献实践范本。

编写组

2025 年 6 月

目　　录

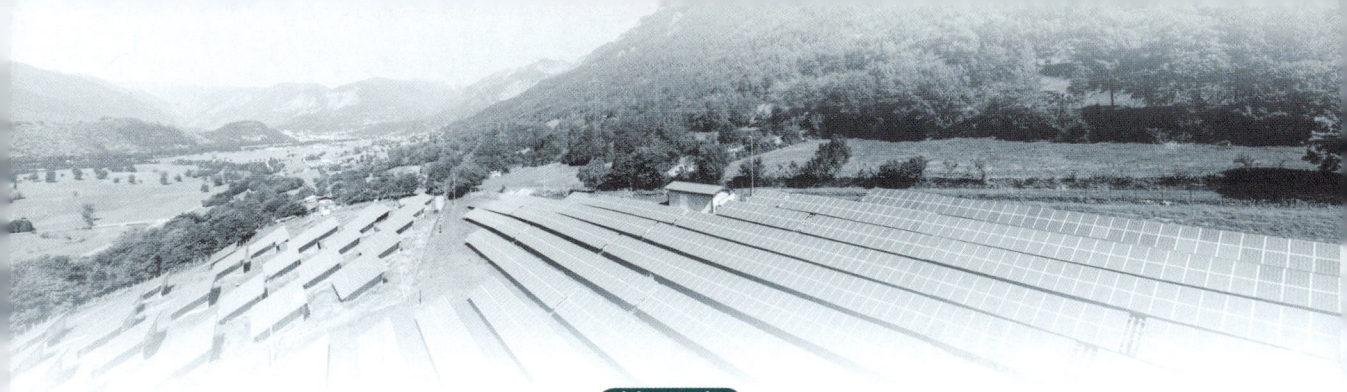

第1章

概　　述

1.1　光伏发展现状

随着光伏产业的快速发展，我国光伏新增装机容量不断增长。国家能源局数据显示：2021 年，全国光伏新增发电并网装机容量 54.88GW，其中分布式光伏容量 29.28GW，约占全部新增光伏发电装机的 53.4%，首次超过集中式电站；2022 年，分布式光伏新增装机继续增长至 5111.4 万 kW（约 51.11GW）；2023 年，分布式光伏发展呈现爆发式增长，新增装机达到 9628.6 万 kW（约 96.29GW）；2024 年更是突破 100GW 大关，达到 11818 万 kW（约 118.18GW）。

累计装机容量方面，截至 2024 年底，全国分布式光伏发电累计装机容量达到 37478 万 kW（约 374.78GW），是 2013 年底的 121 倍，约占全部光伏发电装机容量的 42.3%。新增装机容量方面，2024 年全国分布式光伏发电新增装机容量达 1.2 亿 kW，占当年新增光伏发电装机容量的 43%。发电量方面，2024 年全国分布式光伏发电量 3462 亿 kWh，占光伏发电量的 41%。分布式光伏发电已经成为能源转型的重要力量。2013~2024 年全国分布式光伏累计装机容量与新增装机容量如图 1-1 和图 1-2 所示。

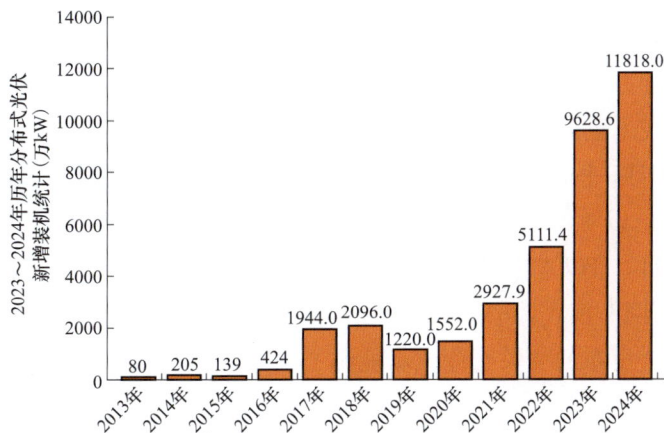

图 1-1　2013~2024 年全国分布式光伏新增装机容量

2022 年 5 月，国家发展和改革委员会、国家能源局发布《关于促进新时代新能源高质

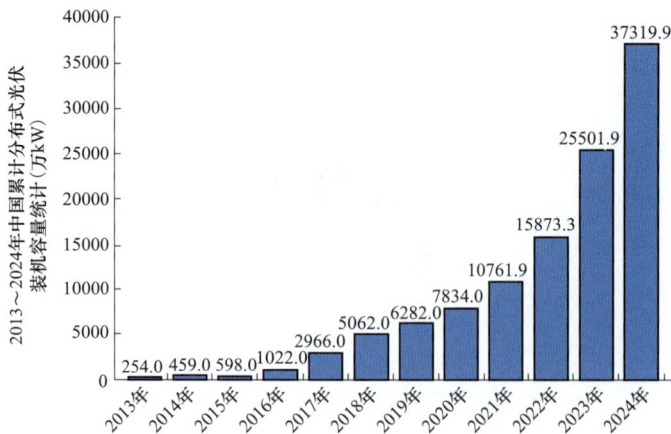

图 1-2 2013~2024 年全国分布式光伏累计装机容量

量发展的实施方案》（国办函〔2022〕39 号），提出到 2030 年风电、太阳能发电总装机容量达到 12 亿 kW 以上，加快构建清洁低碳、安全高效的能源体系。2022 年 6 月，国家发展和改革委员会等九部委联合印发《"十四五"可再生能源发展规划》（发改能源〔2021〕1445 号），指出 2025 年可再生能源年发电量达到 3.3 万亿 kWh 左右；且"十四五"期间，可再生能源发电量增量在全社会用电量增量中的占比超过 50%，风能和太阳能发电量实现翻倍。此外，2022 年 1~6 月期间，国家发展和改革委员会、工业和信息化部、财政部、住房和城乡建设部、国家能源局等政府机构共出台 50 多项政策，提出大力发展光伏产业，包含光伏产业的规划、创新、监管、补贴，具体涉及电力市场、分布式光伏、地面光伏电站建设等多个方面，为光伏产业健康发展打下了良好的政策基础。2024 年 3 月，国家能源局发布《2024 年能源工作指导意见》（国能发规划〔2024〕22 号），要求非化石能源发电装机容量占比提高到 55% 左右，风电、太阳能发电量占全国发电量的比重达到 17% 以上。2024 年 11 月，工业和信息化部发布《光伏制造行业规范条件（2024 年本）》和《光伏制造行业规范公告管理办法（2024 年本）》（2024 年第 33 号），引导光伏企业减少单纯扩大产能的项目，加强技术创新、提高产品质量，新建和改扩建光伏制造项目最低资本金比例为 30%。2025 年 1 月，国家能源局印发《分布式光伏发电开发建设管理办法》（国能发新能规〔2025〕7 号），以 4 月 30 日为"新老政策分界点"，2025 年 4 月 30 日前完成备案并网的分布式光伏项目，仍可享受全额上网及原有补贴政策；4 月 30 日后并网项目需调整为"自发自用＋余电上网"模式，6MW 以上项目原则上强制自发自用。2025 年 2 月，由国家发改委、能源局联合发布的《关于深化新能源上网电价市场化改革促进新能源高质量发展的通知》（发改价格〔2025〕136 号），规定 5 月 31 日后并网的新增项目全面进入电力现货市场交易，补贴彻底退出，进一步规范光伏市场发展。

在全球各国光伏产业政策的推动和应用市场需求的拉动下，全球光伏产业总体呈现高速发展，新增装机容量屡创历史新高。2017 年底，俄罗斯太阳能发电装机容量已达

540MW，其中 2015 年新增 60MW，2016 年新增 70MW。葡萄牙 2017 年可再生能源发电约占全国电力消耗的 44%，其中风电总发电量 11.9TWh，光伏发电量为 0.8TWh。西班牙 2016 年光伏装机容量 4.43GW，发电量 8TWh。德国光伏行业从 2003 年只占德国总发电量的 0.1%，猛增到 2016 年的 6.0%，发展迅猛，2016 年后，德国光伏发电市场已经进入平稳调整期，市场装机容量达 41.7GW，光伏发展增速开始放缓。

2013 年下半年，以中国为代表的新兴市场开始崛起；2015 年以来，全球光伏电站投资持续快速增加，新增光伏装机容量由 2015 年的 53GW 增加至 2017 年的 102GW，光伏行业重新进入快速发展阶段；2018～2020 年光伏行业尽管受到美国"201 法案"、中国"531 政策"的不利影响，但是全球装机规模依然保持了较高新增规模。截至 2019 年底，全球累计光伏发电装机总量达到了 626GW。根据中国光伏行业协会数据，2020 年，全球光伏市场新增装机容量为 130GW，同比增长 13.04%，增幅较 2019 年上升了 4.55 个百分点。根据国际可再生能源署发布的《Global Renewables Outlook：Energy transformation 2050》，可再生能源占一次能源总供应量的份额必须从 2017 年的约 14% 增长到 2050 年的约 65%。太阳能光伏将引领全球电力行业的转型。根据国际能源署发布的《Renewables2019》，在太阳能光伏的带动下，可再生能源发电装机容量将在 2019～2024 年间增长 50%，增长量为 1200GW，其中，太阳能光伏发电装机容量将占到增长量的 60%。到 2024 年，可再生能源在全球发电中的比例将从目前的 26% 上升到 30%。

1.2 大量分布式光伏接入对配电网的影响

1.2.1 台区内"分布式光伏孤岛"影响供电安全

（1）接入中低压配电网的分布式光伏未严格执行防孤岛保护装置的安装要求，配置参差不齐。配电线路故障时易产生"分布式光伏孤岛"，对台区供电安全产生影响，导致故障不能及时清除，干扰电网保护开关动作程序。

（2）"分布式光伏孤岛"易引起线路重合闸失败，损坏相关并网及用电设备。

（3）防孤岛装置、避雷装置等设备缺乏有效管理，部分电站缺少避雷、接地等配套设备，且防雷及防孤岛装置缺乏定期试验。

1.2.2 缺乏对应分布式光伏并网管理制度标准

（1）用户现场警示、安全标识缺失。分布式光伏用户现场警示、安全标识配备缺乏统一的标准。部分分布式光伏建设于农村偏远地区，在运行过程中，缺乏维护或维护不到位，警示、安全标识、栅栏等已处于全部或部分缺失状态。

（2）分布式光伏并网验收缺乏统一标准。公司各单位主要根据国家电网有限公司相关文件及标准自行编制分布式光伏并网验收规范。截止至 2021 年，共 9 家单位由省公司统一建立了并网验收规范，2 家单位由下辖基层单位自行制定，其他单位尚无统一标准规范。

1.2.3 改变传统配电网规划建设思路

（1）配电网改造需求增加。部分低压光伏设备对台区供电质量和供电能力造成严重影响，老旧及小容量台区改造需求迫切。

（2）对配电设备的相关性能提出了更高的要求。分布式光伏大规模接入要求配电网设备具备对电网谐波、闪变更强的抗干扰能力。

（3）网架构建要求提升。改变了负荷增长模式，加大了负荷预测的难度，对网架构建提出了更高的要求。

1.2.4 分布式光伏设备运维管理存在缺陷

（1）电网检修安全风险增加。部分10kV与380/220V分布式光伏及台区反孤岛装置配置不符合相关规定，检修过程中易发生反送电触电事故，危及作业人员人身安全。

（2）停电检修工作时长增加。对低压电网进行停电检修或故障停电抢修时，需逐一断开分布式光伏并网开关，增加抢修时长。

（3）光伏设备运维管理缺位。运维企业综合能力有待提高。缺少运维系统支撑，光伏运行情况掌握手段匮乏，运维方式单一，工作标准、管理标准、考核标准缺失，基层人员业水平欠缺。

（4）缺少主动监测预控手段。低压分布式光伏及分散接入，无法接入统一平台；设备检修时，由于对设备运行状态无法监视或控制，存在用户误动安全措施和盲目送电的风险隐患。

（5）管理部门不统一。10kV电压等级的分布式光伏并网开关设备受调度部门管辖，而380/220V电压等级不受调度部门管理。分界开关表前、表后安装不一。营销、运检等部门管辖职责不清。

1.2.5 影响配电网电能质量

（1）电压双向越限。存在分布式光伏容量接入不合理甚至超过配电变压器额定容量等情况，造成电能大量上送，部分台区出现"白天电压高、夜间电压低"的问题。

（2）电压波动和闪变。由于光伏发电的波动性较大，会引起较大的电压波动和闪变；此外，部分逆变器质量不佳，长期运行后技术指标下降导致运行稳定性降低，造成局部电压波动。

（3）电网谐波超标。高比例分布式光伏接入区域电网，导致谐波超标，且对接入的并网设备消谐装置未作强制要求。

（4）三相不平衡加重。大量户用单相分布式光伏无序接入加重了低压配电网三相不平衡，增加了电网运行损耗。

第 2 章

光 伏 发 电 系 统

光伏发电系统是利用光伏电池的光伏效应，并结合配套设备实现直接将太阳能转换为可用电能的发电系统，属于新能源发电系统。按照光伏系统与电力系统的关系，可以分为离网型光伏系统和并网型光伏系统。离网型光伏系统又称独立型光伏系统，其独立于电网，主要应用于偏远地区的农村、山区、岛屿、通信基站等公共电网无法有效供电的地区，为边远地区解决供电困难提供了可行方案。并网型光伏系统发出的电能与公共电网同频率、同幅值、同相位，通过公共连接点接入电网并接受调度分配，可对当地负荷进行调峰、调节线路电压、治理线路不平衡等。目前光伏并网发电方式在全球得到广泛应用，配电网分布式光伏系统采用的是并网型光伏发电系统。

并网型光伏发电系统一般由光伏阵列、DC/DC 变换电路、最大功率点跟踪（MPPT）控制、逆变电路、滤波电路、储能装置和监测装置构成，通过公共连接点与电网互联，也能够为交流、直流负载提供电能。并网型光伏发电系统结构如图 2-1 所示。

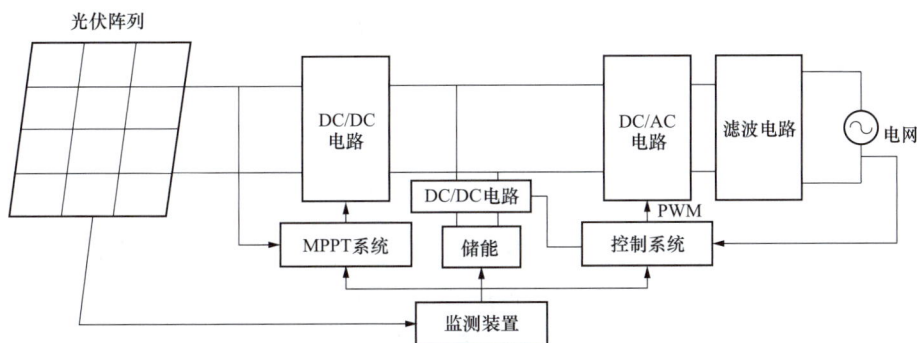

图 2-1 并网型光伏发电系统结构
PWM—脉冲宽度变调（pulse width modulation）

2.1 光 伏 阵 列

光伏阵列（PV array）是由若干个光伏组件或光伏板在机械和电气上按一定方式组装在一起并且具有固定的支撑结构而构成的直流发电单元。太阳能电池板根据光照射强度不

5

同，转换成的电能是不稳定且幅值较低的直流电，需要先经 Boost 电路进行升压，并通过 DC/AC 逆变器将直流电逆变为交流电，将稳定的交流电提供给交流端负载使用。本章先介绍硬件电路，再介绍相应的控制策略，如最大功率点跟踪（MPPT）、逆变器控制策略。

单体单晶硅光伏电池输出电压很低。在标准辐照度 1000W/m^2 的情况下输出电压只有 0.5V 左右，输出功率一般接近 1W。而且单体的单晶硅电池结构强度不高。实际工程和生产中，将数块单体电池通过串并联严密封装为单位组件，并以这样的组件为单位，通过串并联的连接方式，构成光伏阵列，因此光伏阵列的输出电压、功率都较大且可调，便于实际工程生产。

研究光伏阵列的数学模型可以从研究光伏电池输出曲线方程出发。首要是模型的构建，基于等效电路和实验数据拟合多项式模型。由于存在 PV 单元和 PN 结，构建的模型可以很大程度地还原内部电路的整体构成，具有较高的准确度。在实际工程中，模型中有很多不确定的参数，这给模型构建造成了一定的挑战。在进行多项式实验数据拟合的时候，拟合的数量决定精确程度。分段式拟合可以很好地避免无法提前获取大量实验数据的缺点，拟合过程也并没有固定的参考公式，唯一要注意的是它一次只能再现一个 PV 特性。当环境发生变化时，需要检索拟合数据并重新分段拟合。

光伏电池的工作原理可以用图 2-2 的单二极管等效电路来描述。图中 R_L 是光伏的外接负载，负载电压即光伏电池输出电压为 U_L，负载电流即光伏电池输出电流为 I_L。

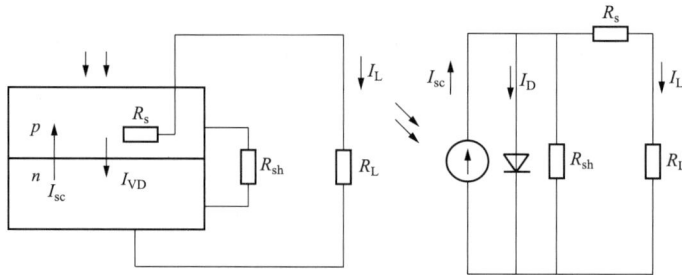

图 2-2　光伏电池的单二极管等效电路图

图中，I_{sc} 为光子在光伏电池板中激发得到的电流，由于随着温度升高，半导体中的电子和空穴会定向流动形成导电过程，因此 I_{sc} 的大小取决于电池的温度、辐照度，同时也与电池的表面积相关。I_{sc} 与入射光的辐照度成正比，同时会随着温度升高而稍微增加。图中，U_L、I_L 的关系体现光伏电池的输出特性，光伏系统以此为基础进行设计，影响输出特性的两个重要参数是辐照度和温度。为探究光伏电池输出特性与负载变化的关系，通过控制变量的方法分别固定温度和辐照度，改变另一个变量进行实验。

保持光伏电池温度不变时，光伏阵列随辐照度与负载变化的 I_L-U_L 与 $P-U_L$ 曲线如图 2-3 所示。可以看出开路电压 U_{oc} 随辐照度改变产生的变化值并不大，短路电流 I_{sc} 随辐照度改变产生明显的变化。$P-U_L$ 曲线中最大功率点随辐照度改变产生的变化也比较明显。

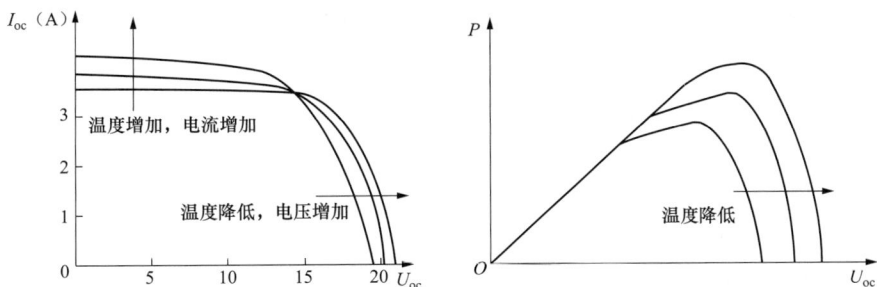

图 2 - 3 不同辐照度下光伏电池的输出特性曲线

保持外环境辐照度不变时，光伏阵列随辐照度与负载变化的 I_{oc}—U_{oc} 与 P—U_{oc} 曲线如图 2 - 4 所示。可以看出开路电压 U_{oc} 随着光伏电池的温度变化而线性变化，短路电流 I_{sc} 随温度改变产生微弱变化。一般温度每上升 1℃，U_{oc} 值降低 2～3mV。

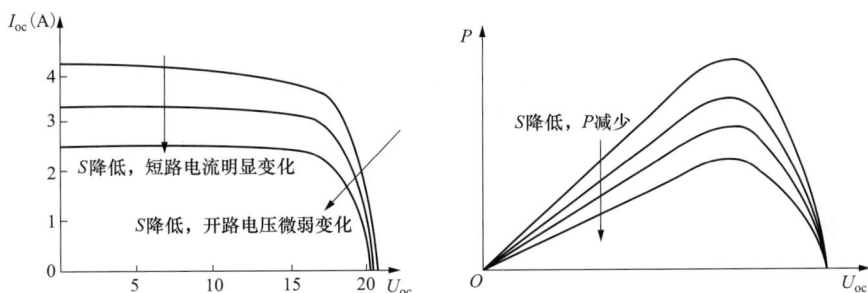

图 2 - 4 不同温度下光伏电池的输出特性曲线

$$T = T_{air} + kS \qquad (2-1)$$

式中 T——光伏电池的温度，℃；

T_{air}——外界环境温度，℃；

k——光照系数，由实验测定，℃·m²；

S——光照度，W/m²。

光伏电池的能量来源为阳光照射，且受转换效率的限制，光伏电池阵列提供的功率是有限的。光伏电池属于直流电源，从输出特性曲线可以看出，光伏电池的输出是非线性的，且存在一个最大功率点 P_m，对应的电压和电流为 U_m 和 I_m。一般控制光伏阵列工作在最大功率点处，能获得最大的效率，该控制方式称为最大功率跟踪控制，在后续章节详细讲述。

一般来说，光伏阵列设计依据负荷情况计算光伏组件需要串、并联的数目。组件的串联是为了获得目标电压，并联是为了获得目标电流。串联数由光伏阵列工作电压决定，考虑线路损耗、外界环境等因素。确定串联数之后，并联数目由当地年辐照度量或年日照时数的长时间尺度的平均值计算确定，有的工程上时间尺度选 10 年。

实际工作情况下光伏组件的输出功率会受到外界环境的影响，组件性能也会随时间慢慢衰减。通常需要将光伏组件的输出功率减少 10% 以考虑解决无法避免的影响，保留一些裕量可以使得系统能够长期稳定运行。综合考虑这些因素，可以得到光伏阵列中组件串并联的数目。

$$N_p = \frac{L}{P \cdot \eta} \tag{2-2}$$

式中　　N_p——并联组件数量（无量纲）；

L——日平均负载，$A \cdot h$；

P——单组件日输出，$A \cdot h$；

η——衰减因子（无量纲）。

$$N_s = \frac{V_{sys}}{V_{mod}} \tag{2-3}$$

式中　　N_s——串联组件数量；

V_{sys}——系统电压，V；

V_{mod}——组件电压，V。

对于含有其他部件如蓄电池的光伏发电系统，光伏阵列的串并联设计还需要考虑到这些部件可能导致的电能流失。需要在并联数量的分母上乘上这些因素的量化参数。

2.2　光　伏　逆　变　器

光伏并网逆变器是光伏发电系统的能量转换与控制的核心，将光伏电池的直流电转换为符合电网要求的交流电。逆变器的可靠性决定了光伏系统运行的稳定性、使用寿命和运行效率，掌握光伏并网逆变技术是应用和推广光伏逆变系统的关键。

一般按照逆变器有无隔离变压器可以分为隔离性逆变器和非隔离型逆变器，隔离型逆变器又分为工频和高频逆变器，非隔离型逆变器分为单级和多级逆变器。另外，还有一些其他类型的逆变器，如多支路型逆变器、微型逆变器、NPC 三电平逆变器等。

隔离型并网系统通过"电—磁—电"的转变供电，这将会产生能量损耗。无变压器的非隔离型并网逆变器能够提高系统的效率，且非隔离逆变器具有体积和质量较小、成本低的优点。

非隔离型光伏逆变器分为单级非隔离结构和多级非隔离结构。在非隔离的光伏逆变系统中，光伏阵列组件直接连接电网，且大面积的电池组必定存在不小的分布电容而产生共模电流。缺少变压器的隔离作用，光伏系统可能会向电网注入直流量，因此需要采取适当措施保证主、控电路的安全性。

（1）单级非隔离型光伏并网逆变器。单级非隔离型光伏并网逆变器如图 2-5 所示。

如图 2-5 所示，光伏阵列经逆变器直接并网，工作频率为工频。同时光伏阵列必须具有较高的输出电压以满足并网要求。当逆变器输出电压满足并网逆

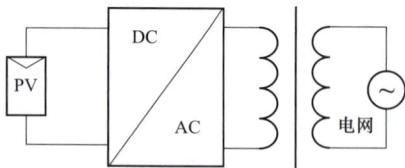

图 2-5　单级非隔离型光伏并网逆变器

变的标准时可以将隔离变压器省略，即为非隔离型逆变器。一般单机非隔离型逆变器在并网侧需要滤波器件，具有一定的体积与质量。以基于 Buck - Boost 电路的单级非隔离型光伏并网逆变器说明克服这些缺点的做法，基于 Buck - Boost 电路的单级非隔离型光伏并网逆变器拓扑如图 2 - 6 所示。

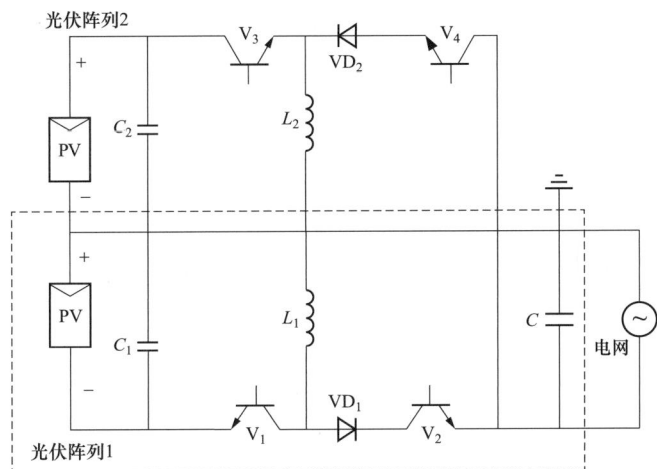

图 2 - 6　基于 Buck - Boost 电路的单级非隔离型光伏并网逆变器拓扑

通过 Buck - Boost 斩波器可以控制输入电压满足并网要求而不需要变压器。斩波器工作在定开关频率的电流非连续状态，两个光伏阵列在工频电网的正负半周期分别运行。储能电感能使交流输出端无须连接流过工频电流的电感，解决了逆变器体积、质量较大的问题。其工作过程为：

阶段一：仅开关管 V_1 导通。光伏阵列的能量流入 L_1，电容 C 并联于工频电网，换流过程如图 2 - 7（a）所示。

阶段二：仅开关管 V_2 导通。电容 C 和电感 L_1 中存储的能量汇入电网，换流过程如图 2 - 7（b）所示。

阶段三、四工作过程与阶段一、二类似，但是极性相反。

这类逆变器输出功率较小，且解决了体积质量偏大的问题，可以用于用户侧分布式光伏并网系统，且一般不存在漏电流，电路结构也比较简单。不过两个光伏阵列只能在工频电网的半周内分别运行，因此效率偏低。

（2）多级非隔离型光伏并网逆变器。多级非隔离型光伏并网逆变器如图 2 - 8 所示。

传统的非隔离并网系统由于并网电压等级的要求，需要将多个光伏阵列串并联以获得较高的电压，但是难免会存在部分电池板被云层遮蔽等情况，无法保证电压稳定，不易实现最大功率跟踪和并网的高效配合，多级非隔离型光伏并网逆变器能够在一定程度上解决这一问题。

通常多级非隔离型光伏并网逆变器由前级 DC/DC 和后级 DC/AC 变换器构成，如图 2 - 8 所示。适当的控制策略能减小变换器的输入电压波动，通过 Boost 变换器在较宽范围内调

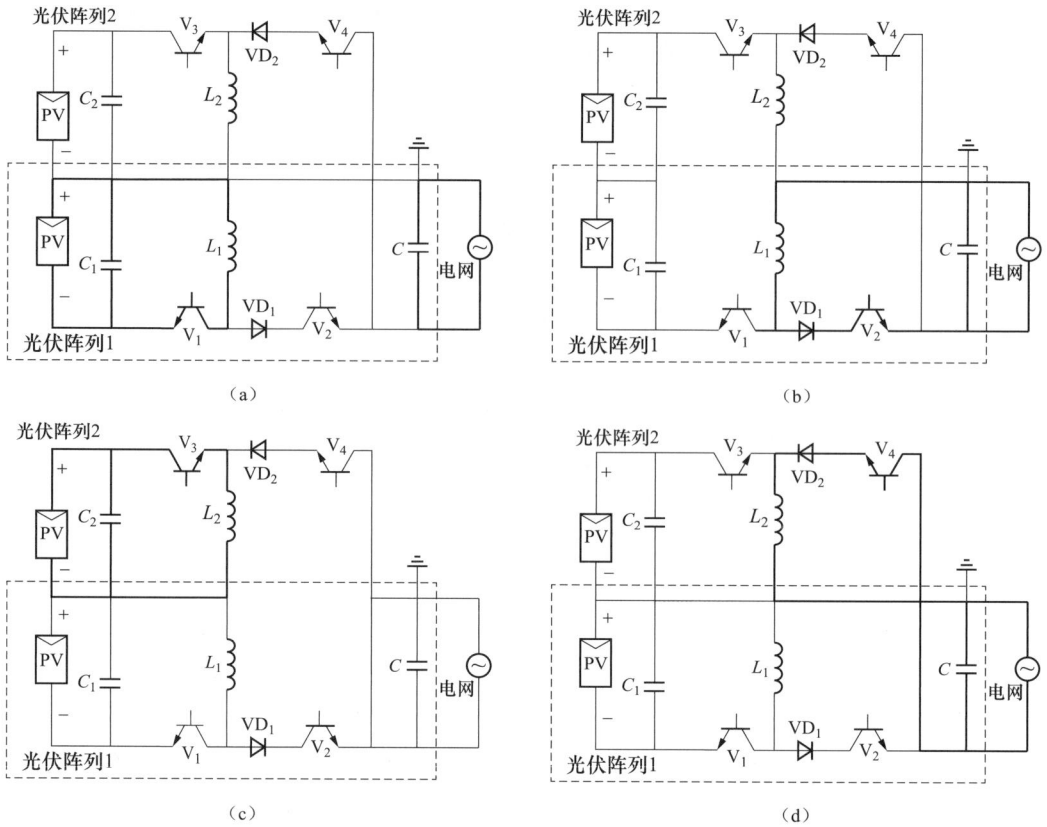

图 2-7　基于 Buck-Boost 电路的单级非隔离型光伏并网逆变器换流过程

（a）换流过程阶段一；（b）换流过程阶段二；（c）换流过程阶段三；（d）换流过程阶段四

节输出直流电压，有利于最大功率准确跟踪。以基本 Boost 多级非隔离型光伏并网逆变器说明多级非隔离型逆变器的工作方式，其电路拓扑如图 2-9 所示。

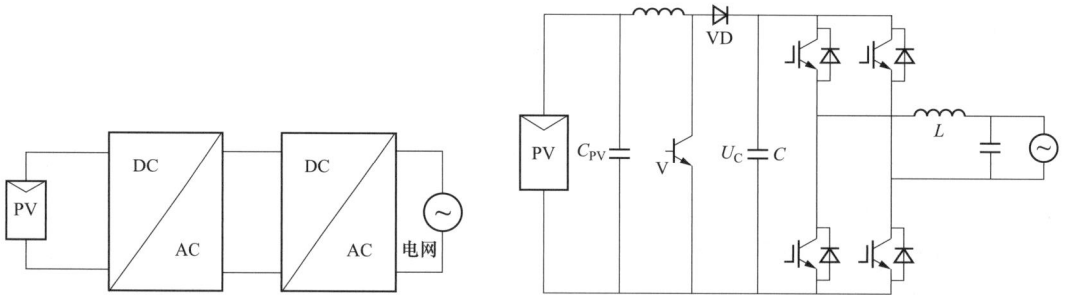

图 2-8　多级非隔离型光伏并网逆变器

图 2-9　基本 Boost 多级非隔离型光伏并网逆变器拓扑

　　该电路功率变换器为双极变换器，通过 Boost 变换器实现输出升压和最大功率跟踪，后级电路一般采用全桥逆变电路实现逆变并网。

　　前级 Boost 升压原理见本节。后级逆变部分采用全桥结构，高频谐波电流通过交流侧电感消除，以下简述 PWM 调制过程。

图 2 - 10 所示为载波反向单极性倍频调制方式波形图。通过两个幅值相等、相位相反的载波信号与同一调制波相比较，通过这一调频方式，各桥臂输出电压具有瞬时相移的二电平 SPWM（正弦脉冲宽度调制）波，两支路输出电压之差即为单相桥式电路的输出电压，两个瞬时 SPWM 波相减。可以得到三电平 SWPM 波。单极性倍频调制方式能在定开关频率时输出 SPWM 波脉动频率比常规单极性调制方式多一倍，可以达到在开关损耗不变的情况下将电路输出的等效开关频率翻倍的效果。而且这种单极性调制的方式谐波分量较小，因此其性能优于常规的单、双极性调制。只不过前级后级的变换器工作频率较高，并关损耗会比较大。

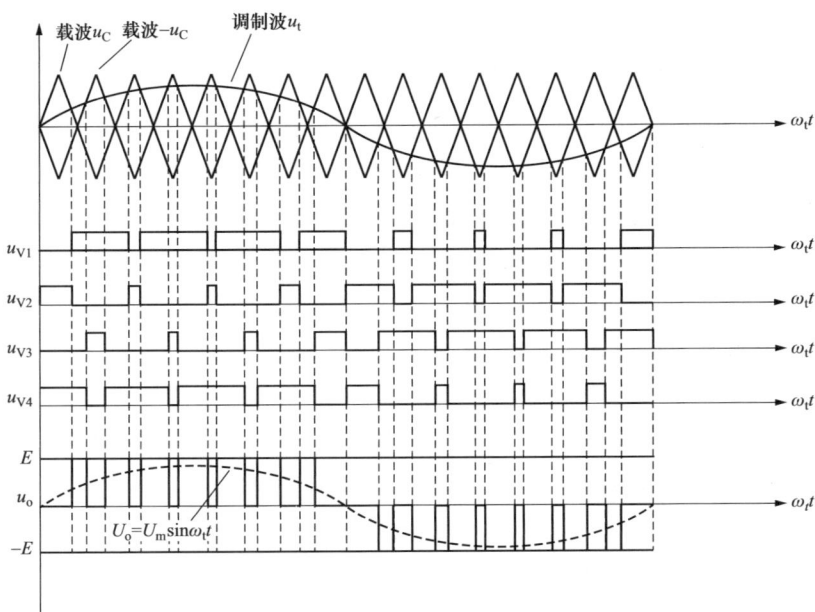

图 2 - 10 载波反向单极性倍频调制方式

2.2.1 非隔离型光伏并网逆变器共模电流研究

非隔离并网光伏发电系统和电网之间存在直接电气连接。光伏电池与接地外壳之间存在对地寄生电容，与逆变器和电网形成了共模谐振回路，如果对地电容上存在高频脉动电压，将会产生共模电流，一方面增加了并网电流的谐波，恶化了并网电流品质；另一方面，降低了并网系统的安全裕度与能量传输效率。寄生电容与共模电流示意图如图 2 - 11 所示。

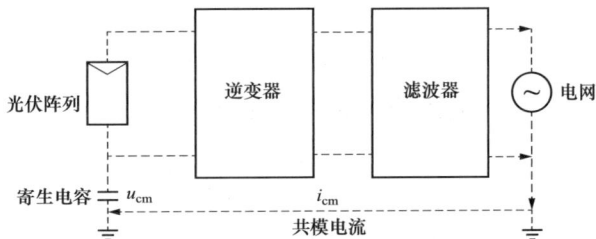

图 2 - 11 寄生电容与共模电流

11

光伏阵列对地寄生电容值计算。

$$C_{\mathrm{p}} = \frac{1}{2\pi f} \frac{i_{\mathrm{cm}}}{u_{\mathrm{cm}}} \tag{2-4}$$

式中　C_{p}——光伏阵列对地寄生电容，F；

　　　f——注入共模信号的频率，Hz；

　　　i_{cm}——测得的共模电流有效值，A；

　　　u_{cm}——注入的共模电压有效值，V。

假设电网内部电感 L 值远小于滤波电感值 L_{f}，滤波器截止频率远小于电路谐振频率，谐振频率 f_{r} 可以近似表示为

$$f_{\mathrm{r}} = \frac{1}{2\pi\sqrt{L_{\mathrm{f}}C_{\mathrm{p}}}} \tag{2-5}$$

可见在共模谐振电路的谐振频率处的漏电流幅值会比较大。

事实上共模电压根据不同的拓扑结构与调制方法存在差异。考虑电路效率，改进线路结构可以抑制共模电流。为有效地抑制对地漏电流，需要通过优化电路结构和调制方法，在零电平阶段实现光伏直流侧与电网交流侧的解耦，以切断共模电流的流通路径。从以上思路出发，学界分别提出了直流解耦和交流解耦两种技术途径。以下介绍一些能抑制共模电流的基本拓扑结构。

1. 带交流旁路的全桥拓扑

在全桥拓扑交流侧加入由两个逆导型开关器件组成的具有双向续流功能的支路，直流侧与续流回路断开，抑制共模电流的同时，交流侧的输出电压与单极性调制相同，提高了逆变器的工作效率。以电网电流的正半周期为例，分析该拓扑的共模电压。

在电网电流正半周期，VI_5 导通 VI_6 关断，当 VI_1、VI_4 导通时

$$u_{\mathrm{cm}} = 0.5 \times (u_{\mathrm{a0}} + u_{\mathrm{b0}}) = 0.5 \times (U_{\mathrm{pv}} + 0) = 0.5 U_{\mathrm{pv}} \tag{2-6}$$

式中　U_{pv}——光伏阵列直流侧总电压；

　　　u_{a0}——正母线对地电压；

　　　u_{b0}——负母线对地电压。

当 VI_1、VI_4 关断时电流通过 VI_5、VI_6 的二极管续流，此时

$$u_{\mathrm{cm}} = 0.5 \times (u_{\mathrm{a0}} + u_{\mathrm{b0}}) = 0.5 \times (0.5 U_{\mathrm{pv}} + 0.5 U_{\mathrm{pv}}) = 0.5 U_{\mathrm{pv}} \tag{2-7}$$

由式（2-8）、式（2-9）可以看出，U_{pv} 不变时共模电压将会保持恒定，达到了消除共模电流的目的。增加的续流通路使得电压恒定，降低输出电流纹波，减小滤波电感上能量损耗。带交流旁路的全桥拓扑图如图 2-12 所示。

2. 带直流旁路的全桥拓扑

在单相全桥拓扑的交流侧增加以双向开关器件构成续流回路，直流侧与续流回路断开，拓扑图如图 2-13 所示。同样以电网电流的正半周期为例，分析该拓扑的共模电压。

在电网电流正半周期，VI_1、VI_4 导通，VI_5、VI_6 采用高频 PWM 调制。四个开关管都导通时，共模电压为

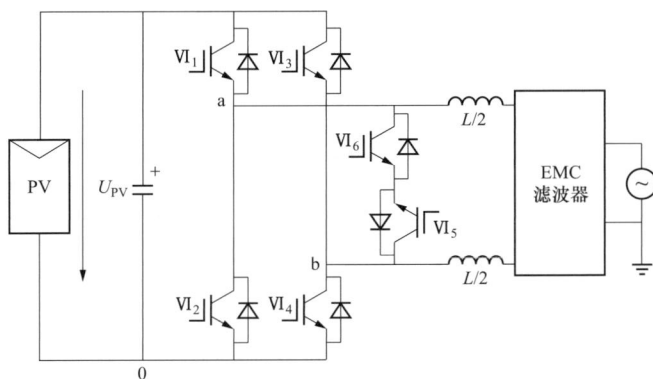

图 2-12 带交流旁路的全桥拓扑

$$u_{cm} = 0.5 \times (u_{a0} + u_{b0}) = 0.5 \times (U_{pv} + 0) = 0.5 U_{pv} \qquad (2-8)$$

当 VI_5、VI_6 关断，电流通过 VI_1、VI_3 的二极管、VI_4、VI_2 的二极管两条回路续流。共模电压为

$$u_{cm} = 0.5 \times (u_{a0} + u_{b0}) = 0.5 \times (0.5 U_{pv} + 0.5 U_{pv}) = 0.5 U_{pv} \qquad (2-9)$$

可见在开关过程中 U_{pv} 不变时共模电压将会保持恒定，达到了消除共模电流的目的。开关损耗和电流纹波都得到了降低，且工频调制的开关管也提高了该拓扑的工作效率。

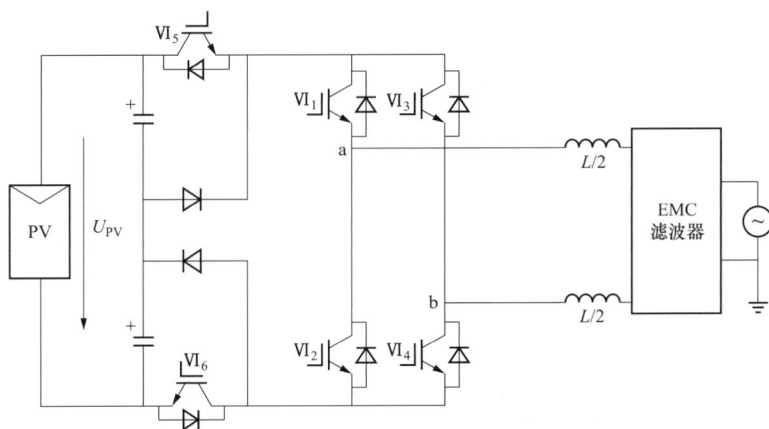

图 2-13 带直流旁路的全桥拓扑

3. H5 拓扑

该拓扑结构可以从带直流旁路的全桥拓扑改进而来：将 VI_4、VI_2 与 VI_6 合并，通过在电网电流的正负半个周期对 VI_4、VI_2 分别调制的方式省去 VI_6。其拓扑如图 2-14 所示。

VI_1、VI_3 在电网电流正负半轴内分别导通，VI_4、VI_5 在正半周内用 PWM 控制，负半周内用 PWM 控制 VI_2、VI_5。以电网电流的正半周期为例，分析该拓扑的共模电压。

电网电流正半周内 VI_1 始终导通，正弦调制波大于三角载波时 VI_4、VI_5 导通，共模电压为

$$u_{cm} = 0.5 \times (u_{a0} + u_{b0}) = 0.5 \times (U_{pv} + 0) = 0.5 U_{pv} \qquad (2-10)$$

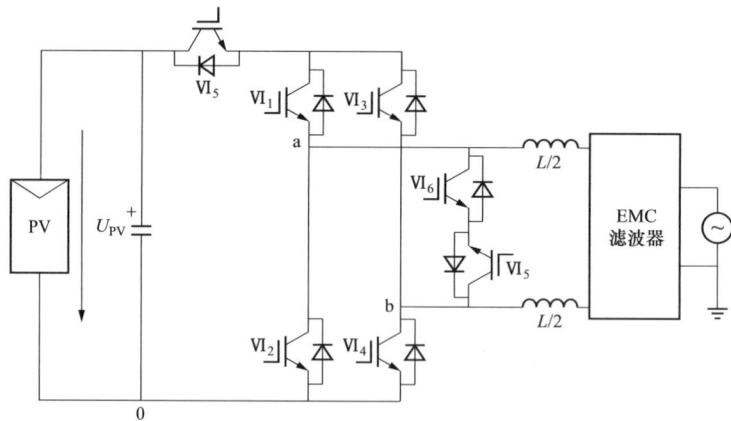

图 2－14　H5 拓扑

正弦调制波小于三角载波时 $\mathrm{VI_4}$、$\mathrm{VI_5}$ 关断，电流经 $\mathrm{VI_3}$ 的二极管和 $\mathrm{VI_1}$ 续流。$\mathrm{VI_2}$、$\mathrm{VI_4}$、$\mathrm{VI_5}$ 关断之后，高关断阻抗阻断了寄生电容放电，u_{a0}、u_{b0} 的值约等于寄生电容的充电电压 $0.5U_{pv}$。共模电压为

$$u_{cm} = 0.5 \times (u_{a0} + u_{b0}) = 0.5 \times (0.5U_{pv} + 0.5U_{pv}) = 0.5U_{pv} \qquad (2-11)$$

该拓扑统一能在开关过程中 U_{pv} 不变时共模电压将会保持恒定，达到了消除共模电流的目的。相较于前两种拓扑，H5 拓扑减少了开关器件，具有较高的工作效率。

2.2.2　实际工程中的几种共模电压抑制方法

（1）根据"共模电压可箝位"思想实现漏电流消除规则，有如图 2－15 所示的两种漏电流消除结构。

1）采用一对串联有源开关管构成共模电压箝位支路的 Heric 电路，电路结构、工作原理如下：带交流旁路环节的非隔离型单极性 SPWM 全桥光伏并网逆变器（Heric）可以在不增加导通损耗的前提下改善共模特性。为了进一步消除共模电压引起的漏电流，可以采用箝位技术实现高频共模电压为恒值。在此基础上提出一种改进型全桥电路结构，在全桥电路输出侧引入一对背靠背串联开关管支路作为零矢量续流通路，在全桥电路的输入侧加入分压电容组得到光伏电池阵列的中点电压，通过有源开关箝位支路来实现全桥逆变器续流阶段续流回路电位的可靠箝位，避免了有源箝位支路的死区对箝位效果的影响。

图 2－15（a）中，为了保证在空载期间，空载路径被箝位到一半输入电压，引入两个开关管 S_7/D_7 和 S_8/D_8 作为零矢量续流通路，以及分压电容 C_{dc1}/C_{dc2} 提供直流电压中点电位。其中 $S_1 \sim S_4$ 为全桥电路开关管，S_5/D_5、S_6/D_6 为续流回路，L_1、L_2 和 C_1 为进网滤波器。

图 2－16 为逆变器在零矢量续流阶段的共模电压箝位电路工作模态。以进网电流负半周为例，进网电流（即差模电流 i_{DM}）流动路径为 $S_5 \rightarrow D_6 \rightarrow$ 滤波器 $\rightarrow$ 电网线路 $\rightarrow S_5$。当续流回路电位降低时，共模电流流过 S_8 和 D_7，流动路径如图 2－16（a）中蓝色箭头所示，

(a)

(b)

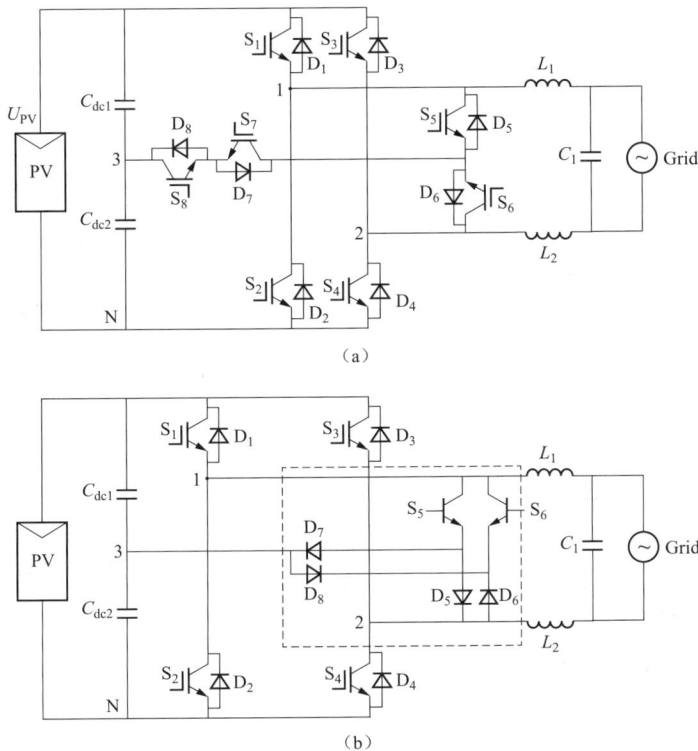

图 2-15 基于"共模电压可箝位"思想的漏电流消除结构

(a) 采用一对串联有源开关管构成共模电压箝位支路的 Heric 电路；

(b) 采用一对反并联二极管和一对独立续流回路构成共模电压箝位支路的 Heric 电路

当续流回路电位升高时，共模电流流过 S_7 和 D_8，流动路径如图 2-16 (b) 中蓝色箭头所示。可见，续流回路电位均能可靠地箝位在 $0.5U_{pv}$ 电平。

2) 采用一对反并联二极管和一对独立续流回路构成共模电压箝位支路的 Heric 电路如图 2-15 (b) 所示。电路结构、工作原理如下：带交流旁路环节的非隔离型单极性 SPWM 全桥光伏并网逆变器（Heric）可以在不增加导通损耗的前提下改善共模特性。为了进一步消除共模电压引起的漏电流，可以采用箝位技术实现高频共模电压为恒值。对全桥电路结构和调制方式进行改进，在全桥电路输出侧引入两支独立的单相支路作为零矢量续流通路、在全桥电路的输入侧加入分压电容组得到光伏电池阵列的中点电压，通过二极管无源箝位支路来实现全桥逆变器续流阶段续流回路电位的可靠箝位，避免了有源箝位支路的死区对箝位效果的影响。

图 2-15 (b) 中引入串联支路 S_5/D_5 和 S_6/D_6 作为零矢量续流通路，引入二极管 D_7/D_8 作为自由箝位支路，以及分压电容 C_{dc1}/C_{dc2} 提供直流电压中点电位。其中 $S_1 \sim S_4$ 为全桥电路开关管，S_5/D_5、S_6/D_6 为两条互补的续流回路，L_1、L_2 和 C_1 为进网滤波器。新型逆变器工作的驱动时序方面，S_1 与 S_4、S_2 与 S_3、S_5 与 S_6 同步工作，在进网电流正半周 S_1/S_4 以单极性 SPWM 方式工作、S_2/S_3 不工作、S_5/S_6 与 S_1/S_4 互补工作，并加有死区；

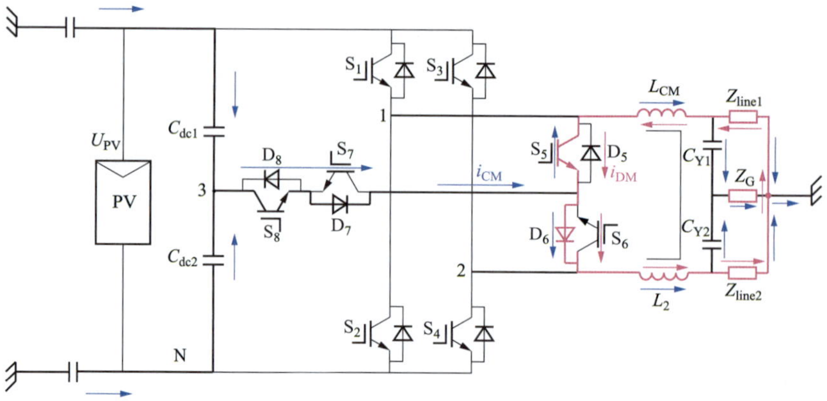

（a）

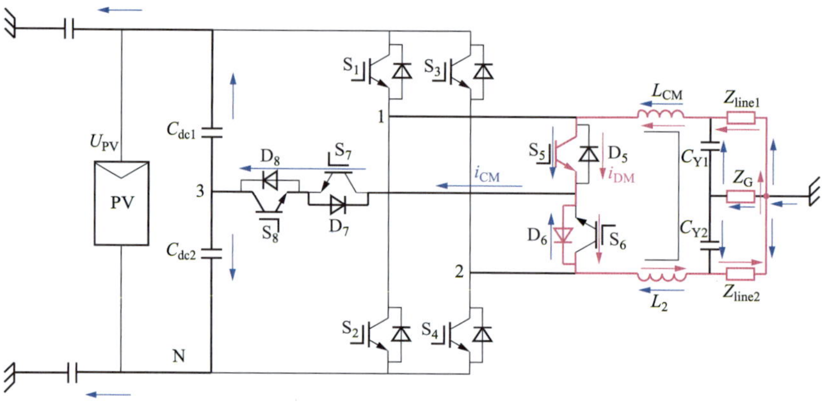

（b）

图 2-16　共模电压箝位电路工作模态

（a）续流回路电压降低；（b）续流回路电压升高

在进网电流负半周 S_2/S_3 以单极性 SPWM 方式工作、S_1/S_4 不工作、S_5/S_6 与 S_2/S_3 互补工作，并加有死区。

图 2-17 为逆变器在零矢量续流阶段的共模电压箝位电路工作模态。以进网电流正半周为例，进网电流（即差模电流 i_{DM}）流动路径为 $D_6 \rightarrow S_6 \rightarrow$ 滤波器 $\rightarrow$ 电网线路 $\rightarrow D_6$。当续流回路电位降低时，共模电流流动路径如图 2-17（a）中蓝色箭头所示，D_8 导通；当续流回路电位升高时，共模电流流动路径如图 2-17（b）中蓝色箭头所示，D_7 导通。可见，续流回路电位均能可靠地箝位在 $0.5U_{pv}$ 电平。

（2）根据"分裂电感"结构实现漏电流消除规则，对带交流旁路的全桥拓扑进行改进，如图 2-18 所示。

二极管箝位三电平变换器拓扑（neutral point clamped three level inverter，NPCTLI）在非隔离型光伏并网逆变器中得到广泛认可，这主要是因为 NPCTLI 具有弥补由无隔离变压器带来的漏电流和进网直流分量问题的结构优势。

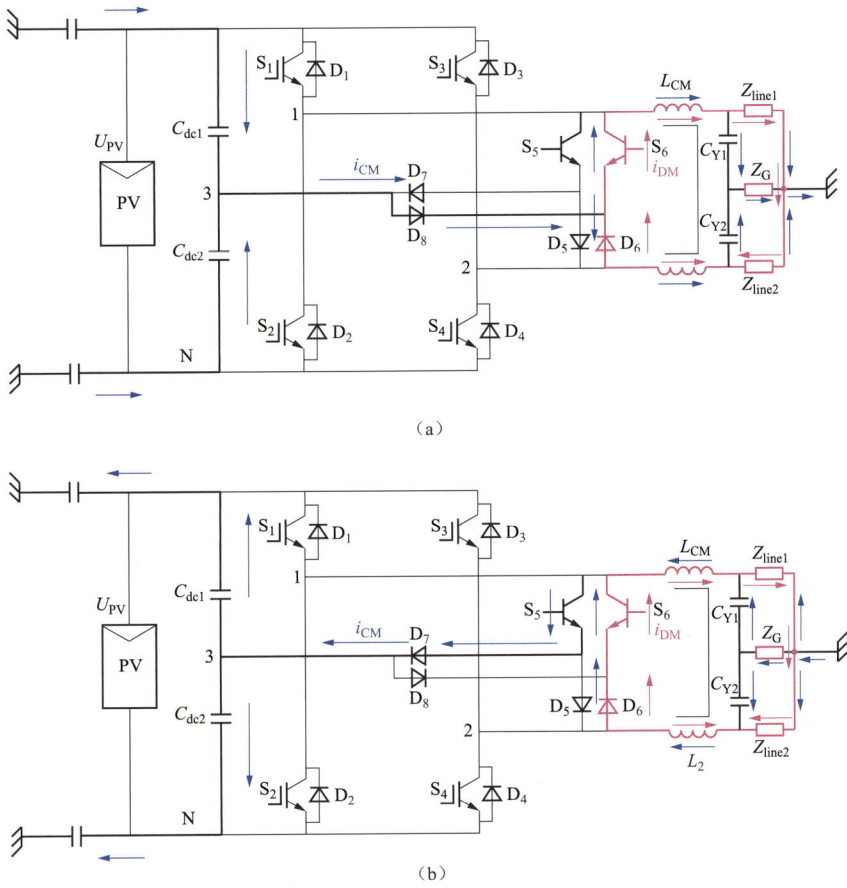

（a）

（b）

图 2-17　共模电压箝位电路工作模态

（a）续流回路电压降低；（b）续流回路电压升高

　　图 2-18 所示的改进二极管箝位三电平变换器拓扑，采用二极管箝位型三电平开关单元替代双降压式半桥逆变器（dual buck half bridge inverter，DBHBI）中的单个开关管，同时结合光伏并网单位功率因数运行的特点将 DBHBI 中的桥臂续流二极管取消，保持了电路的简洁性。进一步地，采用上述控制方式可以将 SI-NPCTLI 单相并网逆变器扩展到带中线的三相四线制三相并网逆变器结构，可以完全等效为 3 个独立的单相逆变器，拥有同样的可靠性和低漏电流特性。该方案能够彻底解决半桥电路的开关频率共模电压问题和消除桥臂直通风险而提高了可靠性。

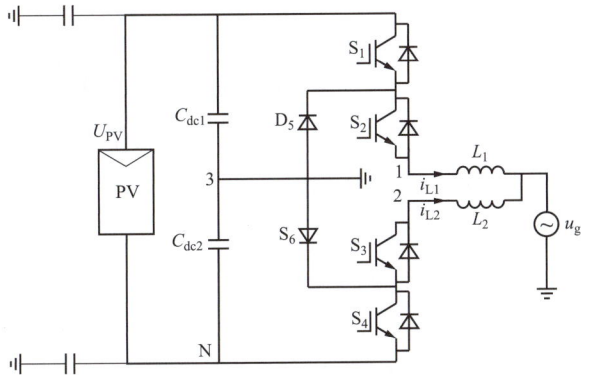

　　方案（1）（2）基于定量化的漏电流消除规则，首创非隔离变流系统的共模

图 2-18　基于"分裂电感"的单相共模电流消除结构

电压可箝位思想，分别发明了基于有源开关管箝位的 Heric 电路和基于无源二极管箝位的 Heric 电路，突破了国外非隔离并网逆变器拓扑专利的封锁。并大幅提高了非隔离变流系统的安全等级。

（3）共地型五电平逆变电路。非隔离型共地型五电平逆变电路如图 2-19 所示，具有输入电压负极与电网中性点直接相连的共地结构，主电路由 11 个功率开关管及 3 个电容组成，其输出通过 LC 滤波器与电网相连。开关管的状态切换来实现输入电压—电容—电网三者之间的能量传递，其中，3 个电容的电压均等于输入电压 V_{in}，电容的充电与放电在开关频率下完成。主电路输出电压 v_{ab} 拥有五种电平模式，分别为：V_{in}，$2V_{in}$，0，$-V_{in}$，$-2V_{in}$，所以电路拥有最高两倍的升压能力。

实际应用中利用输入电压与电容电压，在开关管导通之前，使其两端电压箝位在零电压，从而实现零电压转换。

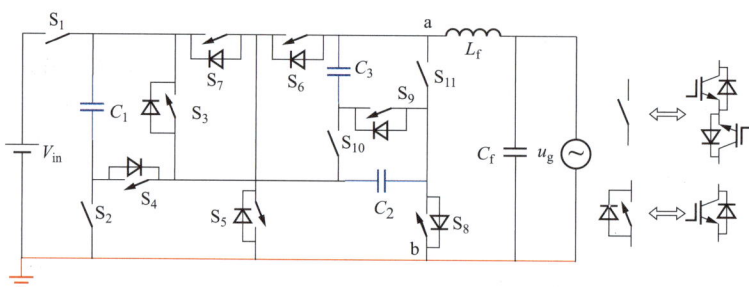

图 2-19　非隔离型共地型五电平逆变电路

输出电平模式：

该逆变电路的五种电平输出模式的等效电路如图 2-20 所示，每种模式的详细工作如下所述：

图 2-20（a）：输出 V_{in}，工作模式处于电网的正半周，逆变电路输出电压 v_{ab} 由输入电压 V_{in} 支撑，电容 C_1、C_2 与输入电压 V_{in} 并联的工作回路，保证了这两个电容的电压等于输入电压。

图 2-20（b）：输出 $2V_{in}$，工作模式仍然处于电网的正半周，电容 C_1、C_2 串联，通过开关管 S_4、$S_6 \sim S_8$ 为逆变电路输出提供 $2V_{in}$ 的电压。

图 2-20（c）：逆变电路输出电压为 0V，工作在续流模式，电容 C_1、C_2 与输入电压 V_{in} 并联。

图 2-20（d）：输出 $-V_{in}$，该模式在电网的负半周出现，电容 C_3 为逆变电路提供负的输出电压，电容 C_1、C_2 与输入电压 V_{in} 并联。

图 2-20（e）：输出 $-2V_{in}$，该模式下，电容 C_1、C_2 串联得到的 $2V_{in}$，为逆变电路提供负电压，电容 C_2 为 C_3 补充能量。

该方案能减小输出谐波含量，降低滤波器体积。同时该拓扑具有输出升压能力，可在低输入电压场合及较宽输入电压范围场合应用；电容充放电周期为开关周期，有效减小了电容的体积，有助于实现电路结构的高功率密度；开关管的电压应力被电容电压之和箝位，能在部分区域内实现开关管的零电压开关，有效地降低开关损耗。

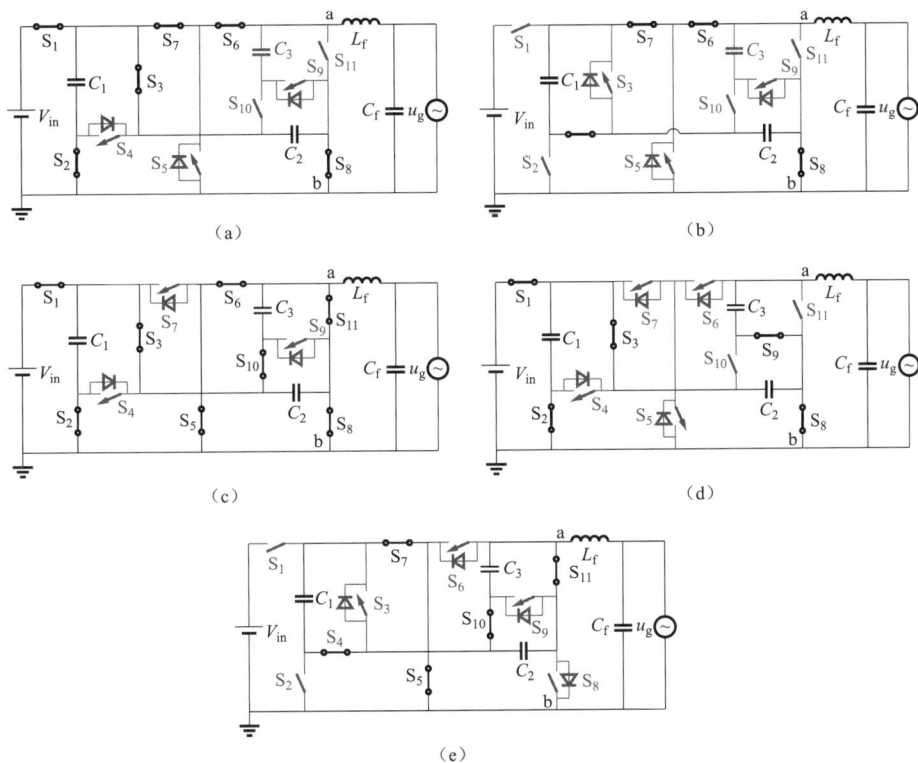

图 2 - 20　五种输出电平模式

（a）电平输出模式一；（b）电平输出模式二；（c）电平输出模式三；

（d）电平输出模式四；（e）电平输出模式五

2.3　分布式光伏对配电网稳定性的影响

由于分布式光伏等电源惯性较小、响应速度快等特征，其通过电力电子接口大规模接入配电网后，使得配电网整体的抗扰动性能降低，在遭受扰动时容易诱发稳定性问题。且分布式光伏发电的随机性使得配电网稳态工作点多变，而其采用的 PI 控制器难以适应于多变的工作点，因此在某些较为极端的工况下配电网的稳定性较弱，甚至可能发生失稳。

2.3.1　分布式光伏小干扰模型建立

1. 光伏阵列模型

为简化建模过程，光伏电池模型采用经典工程模型，该模型利用光伏厂家提供的在标准测试条件下的四个电气参数短路电流 i_{scref}、开路电压 u_{ocref}、最大功率点电流 i_{mref}、最大功率点电压 u_{mref} 来获得该光伏电池在任意环境下的外特性，即输出电流和输出电压的关系，其表达式如下：

$$i_{pv} = i_{sc}\{1 - C_1[u_{dc}/(C_2 u_{oc})] + C_1\}$$

$$C_1 = (1 - i_m/i_{sc})\exp[u_{dc}/(C_2 u_{oc})]$$

$$C_2 = (u_m/u_{oc} - 1)[\ln(1 - i_m/i_{sc})]^{-1}$$

$$i_{sc} = i_{scref}S(1 + a\Delta T)/S_{ref} \qquad (2-12)$$

$$i_M = i_{mref}S(1 + a\Delta T)/S_{ref}$$

$$u_{oc} = u_{ocref}(1 - c\Delta T)\ln(e + b\Delta S)$$

$$u_m = u_{mref}(1 - c\Delta T)\ln(e + b\Delta S)$$

$$\Delta S = S - S_{ref}, \quad \Delta T = T - T_{ref}$$

式中　　　　　i_{pv}——光伏阵列输出电流；

　　　　　　　u_{dc}——直流侧电压，在单级式光伏中即为光伏阵列端电压；

i_{sc}、i_m、u_{oc}、u_m——分别为实际工作条件下的短路电流、开路电压、最大功率点电流和最大功率点电压；

　　　　　　　　S——实际光照强度；

　　　　　　　S_{ref}——参考太阳辐照度，$S_{ref} = 1000\text{W/m}^2$；

　　　　　　　T_{ref}——参考电池温度，$T_{ref} = 25℃$；

　　　　　　　　T——实际电池温度；

　　　　　　　　e——自然对数的底数；

　　　　　a、b、c——补偿系数，常数，$a = 0.0025$，$b = 0.0005$，$c = 0.00288$。

2. 交直侧有功守恒

交流侧和直流侧通过逆变器连接，两侧满足有功功率守恒定律：

$$u_{dc}i_{pv} - Cu_{dc}su_{dc} = u_{gd}i_{Ld}^p + u_{gq}i_{Lq}^p \qquad (2-13)$$

式中　C——直流侧电容值；

u_{gd}、u_{gq}——分别为逆变器并网点 d、q 轴端电压；

i_{Ld}^p、i_{Lq}^p——分别为逆变器 d、q 轴输出电流，上标 p 表示在以锁相环输出相角所确立的坐标系下；

　　　　s——微分算子。

3. 交流侧滤波器

交流侧主电路含 ABC 三相电路，为了便于建模、分析，将三相电路利用 $dq0$ 坐标变换中转换为两相电路，在 $dq0$ 坐标变换中，d 轴和 A 轴呈现一个 ωt 的角度，以 ω 的角速度旋转，其和 abc 轴的关系如图 2-21 所示。

abc 坐标下的电压、电流量可以用下面的坐标变换矩阵变换到 $dq0$ 坐标系下：

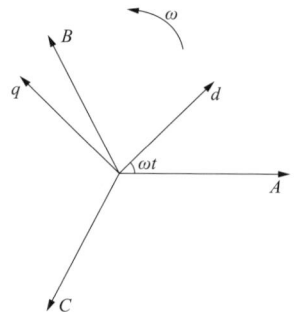

图 2-21　$dq0 - abc$ 坐标变换图

$$\begin{bmatrix} x_d \\ x_q \end{bmatrix} = \begin{bmatrix} \cos(\omega t) & \cos(\omega t - 120) & \cos(\omega t + 120) \\ -\sin(\omega t) & -\sin(\omega t - 120) & -\sin(\omega t + 120) \end{bmatrix} \begin{bmatrix} x_a \\ x_b \\ x_c \end{bmatrix} = T_{abc-dq} \begin{bmatrix} x_a \\ x_b \\ x_c \end{bmatrix}$$

$$(2-14)$$

$dq0$ 到 abc 坐标系下的变换矩阵为

$$\begin{bmatrix} x_a \\ x_b \\ x_c \end{bmatrix} = \begin{bmatrix} \cos(\omega t) & -\sin(\omega t) \\ \cos(\omega t - 120) & -\sin(\omega t - 120) \\ \cos(\omega t + 120) & -\sin(\omega t + 120) \end{bmatrix} \begin{bmatrix} x_d \\ x_q \end{bmatrix} = T_{dq-abc} \begin{bmatrix} x_d \\ x_q \end{bmatrix} \qquad (2-15)$$

将 d 轴定位在电网电压矢量 U_g 上，使得 $u_{gq}^p = 0V$。交流侧采用单电感作为滤波器，其数学表达式如下：

$$Lsi_{Ld}^p = e_d^p - u_{gd}^p - \omega_p Li_{Lq}^p$$
$$Lsi_{Lq}^p = e_q^p - u_{gq}^p - \omega_p Li_{Ld}^p \qquad (2-16)$$

式中　　L——滤波电感值；

　　　　s——复变换；

　　　　i_{Ld}^p——流过电感电流 d 轴分量；

　　　　i_{Lq}^p——流过电感电流 q 轴分量；

　　e_d^p、e_q^p——分别为逆变器 d、q 轴输出电动势；

　　　　u_{gd}^p——电网电压矢量 d 轴分量；

　　　　u_{gq}^p——电网电压矢量 q 轴分量；

　　　　ω_p——锁相环的跟踪频率。

4. 交流侧双环 PI 控制器

逆变器交流侧采用双环控制策略，包含直流电压、无功功率外环控制器和电流内环控制器。为保证直流电压和无功功率跟踪在给定值，外环控制器为内环控制器提供电流参考值 i_{Ldref}、i_{Lqref}。其控制结构框图如图 2-22 和图 2-23 所示，数学模型如下：

$$sx_1 = u_{dc} - u_{dcref}$$
$$i_{Ldref}^p = k_{p1}(u_{dcref} - u_{dc}) + k_{i1}x_1$$
$$sx_2 = Q - Q_{ref}$$
$$i_{Ldqref}^p = k_{p2}(Q - Q_{ref}) + k_{i2}x_2$$
$$Q = u_{gd}^p i_{Lq}^p - u_{gq}^p i_{Ld}^p \qquad (2-17)$$
$$sx_3 = i_{Ldref}^p - i_{Ld}^p$$
$$e_d^p = k_{p3}(i_{Ldref}^p - i_{Ld}^p) + k_{i3}x_3 - \omega_p Li_{Lq}^p + u_{gd}^p$$
$$sx_4 = i_{Lqref}^p - i_{Lq}^p$$
$$e_q^p = k_{p3}(i_{Lqref}^p - i_{Lq}^p) + k_{i3}x_3 - \omega_p Li_{Ld}^p + u_{gq}^p$$

式中　　　　x_1、x_2——外环控制器电信号；

x_3、x_4——内环控制器电信号;

k_{p1}、k_{i1}——外环 d 轴比例和积分增益;

k_{p2}、k_{i2}——外环 q 轴比例和积分增益;

k_{p3}、k_{i3}——内环 d、q 轴的比例和积分增益;

Q——逆变器输出的无功功率;

u_{dcref}、Q_{ref}、i_{Ldref}^p、i_{Lqref}^p——分别为外环直流电压参考值、无功功率参考值和内环 d 轴电流参考值、q 轴电流参考值。

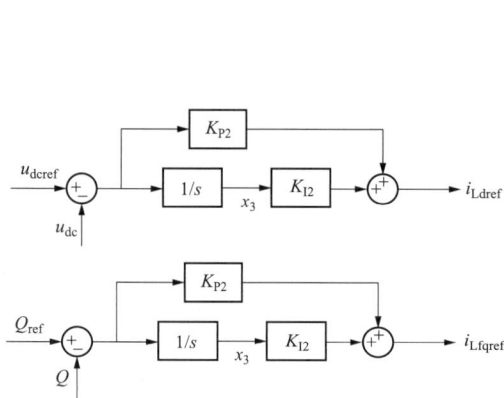

图 2-22 电压外环控制框图

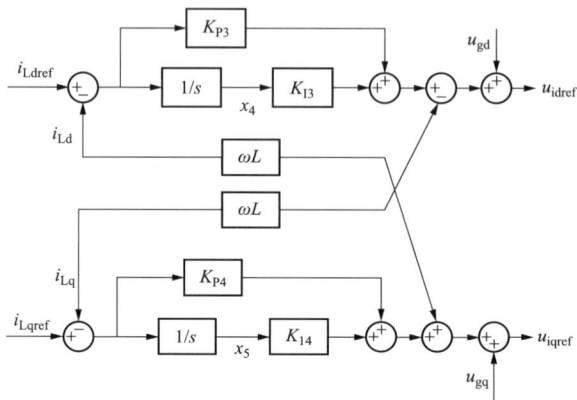

图 2-23 电流内环控制框图

考虑到并网逆变器 PWM 调制的线性特性,忽略并网逆变器的动态过程,则其输出电压等于指令值,即

$$\begin{cases} e_d = u_{idref} \\ e_q = u_{iqref} \end{cases} \tag{2-18}$$

5. 锁相环模型

在逆变器中,锁相环被用来跟踪并网点电压的相位,其数学模型可近似用二阶系统来表示。

$$\omega_p = (k_{p4} + k_{i4}/s)u_{gq}^p + \omega_0$$
$$s\theta_p = \omega_p \tag{2-19}$$

式中 k_{p4}、k_{i4}——锁相环的比例增益和积分增益;

ω_0——电网额定频率;

θ_p——锁相环输出相角。

6. 光伏发电系统线性化模型

联立上述方程,并在稳态值附近线性化,并将其写成矩阵形式,选取 $\Delta x = [\Delta x_1$ $\Delta x_2 \quad \Delta x_3 \quad \Delta x_4 \quad \Delta\theta_p \quad \Delta x_5 \quad \Delta u_{dc} \quad \Delta i_{Ld} \quad \Delta i_{Lq}]^T$ 为状态变量,可以得到光伏发电系统的小干扰模型如下:

状态方程:

$$\frac{\mathrm{d}\Delta \boldsymbol{x}}{\mathrm{d}t} = \boldsymbol{A}_p \Delta x + \boldsymbol{B}_p \Delta u + \boldsymbol{C}_p \Delta u_{\mathrm{ref}} \qquad (2-20)$$

输出方程：

$$\Delta i_{\mathrm{LDQ}} = \boldsymbol{D}_p \Delta \boldsymbol{x} \qquad (2-21)$$

式中 $\boldsymbol{A}_p$——光伏发电系统的状态矩阵。

光伏发电系统的控制策略如图 2-24 所示。

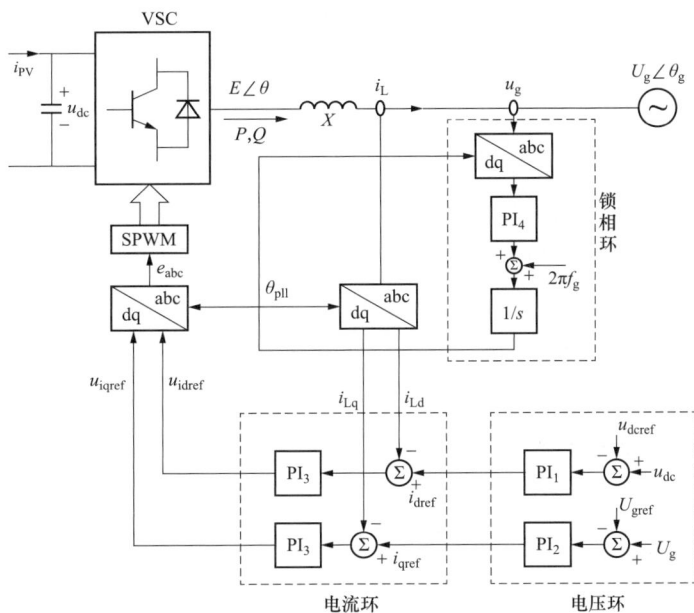

图 2-24 光伏发电系统的控制策略

2.3.2 配电网线路和负荷模型

1. 负荷微分方程模型

选取恒阻抗负荷模型作为建模对象，当考虑其动态过程时，其微分方程表示如下：

$$\begin{cases} \dfrac{\mathrm{d}i_{\mathrm{loadD}}}{\mathrm{d}t} = -\dfrac{R_{\mathrm{load}}}{L_{\mathrm{load}}} i_{\mathrm{loadD}} + \omega i_{\mathrm{loadQ}} + \dfrac{1}{L_{\mathrm{load}}} u_{\mathrm{loadD}} \\[2mm] \dfrac{\mathrm{d}i_{\mathrm{loadQ}}}{\mathrm{d}t} = -\dfrac{R_{\mathrm{load}}}{L_{\mathrm{load}}} i_{\mathrm{loadQ}} - \omega i_{\mathrm{loadD}} + \dfrac{1}{L_{\mathrm{load}}} u_{\mathrm{loadQ}} \end{cases} \qquad (2-22)$$

其小信号状态空间负荷模型写成矩阵形式如下：

$$\left[\frac{\mathrm{d}\Delta i_{\mathrm{loadDQ}}}{\mathrm{d}t}\right] = A_{\mathrm{load}}[\Delta i_{\mathrm{loadDQ}}] + B_{1\mathrm{loadDQ}}[\Delta u_{\mathrm{loadDQ}}] + B_{2\mathrm{loadDQ}}[\Delta \omega] \qquad (2-23)$$

其中：

$$\boldsymbol{A}_{\mathrm{load}} = \begin{bmatrix} A_{\mathrm{load}1} & 0 & 0 \\ 0 & A_{\mathrm{load}2}\cdots & 0 \\ 0 & 0 & A_{\mathrm{load}n} \end{bmatrix}_{2n\times 2n}, \quad \boldsymbol{B}_{1\mathrm{load}} = \begin{bmatrix} B_{1\mathrm{load}1} \\ B_{1\mathrm{load}2} \\ B_{1\mathrm{load}n} \end{bmatrix}_{2n\times 2m}, \quad \boldsymbol{B}_{2\mathrm{load}} = \begin{bmatrix} B_{2\mathrm{load}1} \\ B_{2\mathrm{load}2} \\ B_{2\mathrm{load}n} \end{bmatrix}_{2n\times 2m},$$

$$\boldsymbol{A}_{\text{loadi}} = \begin{bmatrix} -\dfrac{R_{\text{loadi}}}{L_{\text{loadi}}} & \omega \\[3mm] -\omega & -\dfrac{R_{\text{loadi}}}{L_{\text{loadi}}} \end{bmatrix}, \quad \boldsymbol{B}_{1\text{loadi}} = \begin{bmatrix} \dfrac{1}{L_{\text{loadi}}} & 0 \\[3mm] 0 & \dfrac{1}{L_{\text{loadi}}} \end{bmatrix}_{2\times 2m}, \quad \boldsymbol{B}_{2\text{load}} = \begin{bmatrix} i_{\text{loadQi}} \\[2mm] -i_{\text{loadDi}} \end{bmatrix}$$

2. 配电线路微分方程模型

当计及配电线路的动态过程时，将第 i 段线路电流 i_{linei} 变换至公共 dq 坐标系：

$$\begin{cases} \dfrac{\mathrm{d}i_{\text{linedi}}}{\mathrm{d}t} = -\dfrac{r_{\text{linei}}}{L_{\text{linei}}} i_{\text{loadd}} + \omega i_{\text{lineqi}} + \dfrac{1}{L_{\text{linei}}}(u_{\text{bd}} - u_{\text{bload}}) \\[4mm] \dfrac{\mathrm{d}i_{\text{lineqi}}}{\mathrm{d}t} = -\dfrac{r_{\text{linei}}}{L_{\text{linei}}} i_{\text{loadq}} - \omega i_{\text{linedi}} + \dfrac{1}{L_{\text{linei}}}(u_{\text{bq}} - u_{\text{bload}}) \end{cases} \quad (2-24)$$

配电线路的完整小信号模型为

$$\frac{\mathrm{d}\Delta i_{\text{linedq}}}{\mathrm{d}t} = A_{\text{NET}} \Delta i_{\text{linedq}} + B_{\text{NET1}} \Delta u_{\text{bdq}} + B_{\text{NET2}} \Delta u_{\text{loaddq}} + B_{\text{NET}\omega} \Delta \omega \quad (2-25)$$

式中 Δu_{bdq}——接入网络的分布式电源电压；

       Δu_{loaddq}——接入网络的负荷电压；

       Δi_{linedq}——微电网网络中线路电流。

3. 配电线路微分方程模型

微分方程模型能够精确表示配电线路和负荷的动态特性，然而在实际情况下，主动配电网的拓扑结构较为复杂，难以建立其状态空间方程且方程阶数较高。同时，配电线路和负荷的动态过程较快，对系统关键特征值的影响不大。因此，可以忽略主动配电网线路和负荷的动态过程，将其表示为代数方程，其在 dq 轴下的数学模型为

$$\begin{bmatrix} \Delta i_{\text{d}} \\ \Delta i_{\text{q}} \end{bmatrix} = \begin{bmatrix} \boldsymbol{G} & -\boldsymbol{B} \\ \boldsymbol{B} & \boldsymbol{G} \end{bmatrix} \begin{bmatrix} \Delta u_{\text{d}} \\ \Delta u_{\text{q}} \end{bmatrix} \quad (2-26)$$

式中 $\boldsymbol{G}$、$\boldsymbol{B}$——配电网络的导纳矩阵；

       i_{d}、i_{q}——逆变器注入至网络的 d、q 轴电流；

       u_{d}、u_{q}——逆变器与网络接口的 d、q 轴电压。

2.3.3 接口模块建模

由于每个光伏逆变器都建立在自身的 dq 参考坐标系下，为了建立主动配电网的小干扰模型，所有的逆变器电气量都必须变换至公共 dq 参考坐标系下，变换公式如下所示：

$$\begin{bmatrix} f_{\text{d}} \\ f_{\text{q}} \end{bmatrix} = \begin{bmatrix} \cos\delta_i & -\sin\delta_i \\ -\sin\delta_i & \cos\delta_i \end{bmatrix} \begin{bmatrix} f_{\text{d}} \\ f_{\text{q}} \end{bmatrix} \quad (2-27)$$

式中 δ_i——第 i 个 dq 参考系和公共参考系之间的实时相角差；

       f_{d}、f_{q}——分别为公共 dq 参考系下的电气量。

相应地，采用该式的逆形式可以实现从公共参考系转换回第 i 个逆变器自身的 dq 参考系。

2.3.4 含分布式光伏配电网小干扰模型

基于以上所建立的分布式光伏发电系统模型和配电线路、负荷模型,将其线性化后消去接口处电气量关系可以得到含分布式光伏配电系统级小干扰状态空间模型如下:

$$\Delta \dot{x} = \boldsymbol{A}_{sys} \Delta x + \boldsymbol{B}_{sys} \begin{bmatrix} \Delta u_{dcref} \\ \Delta \boldsymbol{Q}_{ref} \end{bmatrix} \qquad (2-28)$$

式中 $\boldsymbol{A}_{sys}$、$\boldsymbol{B}_{sys}$——系统矩阵。

2.3.5 含分布式光伏配电网小干扰稳定性分析理论

小干扰稳定性分析又称为小信号稳定性分析,是分析系统稳定性的一般方法。常用的小干扰稳定性分析方法包括时域仿真方法、特征值分析方法及频域的阻抗分析方法等。其中特征值分析方法是指建立系统的非线性微分方程,将其在特定的稳态工作点处线性化后形成状态空间方程的形式,对该方程的状态矩阵进行特征值分析,根据特征值信息来判定系统稳定性的一种方法。该方法包含特征值分析、特征值灵敏度(参与因子)分析、根轨迹分析三个方面,相对于其他的分析方法,不仅能够得到系统是否稳定的结论,还能够得到影响系统稳定性的关键位点及如何通过参数优化等方法改善系统稳定性等重要信息,因此是一种分析系统稳定性的理想方法。但当系统的规模较大时,该方法生成的矩阵阶数较高,需要配合相应的模型降阶方法来降低分析的复杂性。

分布式光伏等电源大规模接入配电网后,由于系统的惯性较小及系统稳态工作点的随机性较高,在遭受扰动时可能会发生失稳的情况。分布式电源的接入位点、各分布式电源的参数设计、控制方式及当时所处的稳态工作点都会对配电网小干扰稳定性产生影响,因此对不同情形下的配电网稳定性进行分析具有现实意义。采用特征值分析方法后,配电网小干扰稳定性分的一般步骤可归纳如下:

(1)分析系统的结构并建立能够描述系统动态行为的非线性微分方程模型。

(2)将非线性微分方程在稳态工作点处分别进行线性化,消去接口处状态变量从而组合成系统状态空间模型,进而得到系统的状态矩阵。

(3)对系统状态矩阵进行特征值分析,得到系统稳定与否的结论,并进一步通过特征值灵敏度分析确定与各特征值强相关的状态变量,通过根轨迹分析方法调整状态变量对应的系统可调结构参数来改变系统的特征值分布,提高系统的稳定性。

(4)通过时域仿真对所建小干扰模型的准确性进行验证,并进一步证明分析结果的正确性。

1. 小干扰稳定性分析原理

为了得到含分布式光伏配电系统的状态矩阵,首先需要建立系统的数学模型。一般情况下,系统的数学模型可以用非线性常微分方程组表示:

$$\dot{x} = f(\boldsymbol{x}, \boldsymbol{u}) \qquad (2-29)$$

式中 x——系统的状态变量向量，该向量中元素的个数为状态变量的个数，也是非线性系统的阶数；

u——系统的输入向量，该向量中元素的个数为输入的个数；

f——非线性函数，其表达了状态变量 x 与输入变量 u 之间的非线性关系。

式（2-29）为系统的状态方程，同理，系统的输出方程可由式（2-30）表示。

$$y = g(x, u) \tag{2-30}$$

式中 y——系统输出向量，该向量中元素的个数为输出的个数，类似状态方程；

g——表达系统输入、系统输出以及系统状态变量之间非线性关系的复杂函数。

在分析系统的小干扰稳定性时，一般假设扰动足够小，以至于在某个稳态工作点处对非线性模型进行线性化后几乎不影响稳定性分析的精度。在配电网中，这种足够小的扰动可以是负荷的小规模变化、分布式光伏等电源的随机出力甚至是线路参数的微小变化等。假设系统在稳态工作点处的状态变量为 x_0，输入变量为 u_0，其满足以下等式：

$$\dot{x}_0 = f(x_0, u_0) \tag{2-31}$$

当系统遭受小干扰时，系统状态变量可以用稳态工作值 x_0 加上微小偏差 Δx 表示，输入变量同理：

$$\begin{cases} x = x_0 + \Delta x \\ u = u_0 + \Delta u \end{cases} \tag{2-32}$$

从而可得到：

$$\dot{x} = \dot{x}_0 + \Delta \dot{x} = f[(x_0 + \Delta x), (u_0 + \Delta u)] \tag{2-33}$$

以上方程为非线性方程，将其在 x_0 处泰勒展开后，右边会得到高维高阶的多项式，当 Δx、Δu 足够小时，其高阶项趋向于无穷小，因此只需保留一阶项和常数项，得到：

$$\Delta \dot{x}_i = \frac{\partial f_i}{\partial x_1} \Delta x_1 + \cdots + \frac{\partial f_i}{\partial x_n} \Delta x_n + \frac{\partial f_i}{\partial u_1} \Delta u_1 + \cdots + \frac{\partial f_i}{\partial u_r} \Delta u_r \tag{2-34}$$

其中 $i = 1, 2, \cdots, n$。同理，进行类似的操作，可得到：

$$\Delta y_i = \frac{\partial g_j}{\partial x_1} \Delta x_1 + \cdots + \frac{\partial g_j}{\partial x_n} \Delta x_n + \frac{\partial g_j}{\partial u_1} \Delta u_1 + \cdots + \frac{\partial g_j}{\partial u_r} \Delta u_r \tag{2-35}$$

其中 $j = 1, 2, \cdots, m$。以上的推导过程便为小干扰模型的建立原理。又可以表示为以下通用的状态空间方程形式：

$$\begin{cases} \Delta \dot{x} = A \Delta x + B \Delta u \\ \Delta y = C \Delta x + D \Delta u \end{cases} \tag{2-36}$$

其中：

$$A = \begin{bmatrix} \frac{\partial f_1}{\partial x_1} & \cdots & \frac{\partial f_1}{\partial x_n} \\ \vdots & & \vdots \\ \frac{\partial f_n}{\partial x_1} & \cdots & \frac{\partial f_n}{\partial x_n} \end{bmatrix}, B = \begin{bmatrix} \frac{\partial g_1}{\partial x_1} & \cdots & \frac{\partial g_1}{\partial x_n} \\ \vdots & & \vdots \\ \frac{\partial g_n}{\partial x_1} & \cdots & \frac{\partial g_m}{\partial x_n} \end{bmatrix}, C = \begin{bmatrix} \frac{\partial f_1}{\partial x_1} & \cdots & \frac{\partial f_1}{\partial x_n} \\ \vdots & & \vdots \\ \frac{\partial f_n}{\partial x_1} & \cdots & \frac{\partial f_n}{\partial x_n} \end{bmatrix},$$

$$D = \begin{bmatrix} \dfrac{\partial g_1}{\partial u_1} & \cdots & \dfrac{\partial g_1}{\partial u_r} \\ \vdots & & \vdots \\ \dfrac{\partial g_m}{\partial u_1} & \cdots & \dfrac{\partial g_m}{\partial u_r} \end{bmatrix}$$

A 为系统的状态矩阵，由李雅普诺夫稳定性判据可知，只有当系统状态矩阵的所有特征值的实部皆为负数时，该系统是渐进稳定性的。

在判定系统是否稳定之后，通常情况下，还需要知道系统的不稳定模式主要是由哪些结构或者哪些不适当的参数引起的，以及如何通过改变系统的可调参数来改变系统特征值位点，进而改善系统稳定性等信息，此时，便需要通过特征值灵敏度分析和根轨迹分析方法来得到想要的结果。

2. 特征值灵敏度分析法

在得到系统的状态矩阵后，可用式（2-37）求解出状态矩阵的特征值：

$$|\lambda \boldsymbol{I} - \boldsymbol{A}| = 0 \tag{2-37}$$

由式（2-37）可得到系统的全部特征值，假设某特征值 λ 表示如下：

$$\lambda = \sigma + j\omega \tag{2-38}$$

其中 σ 为特征值实部，ω 为特征值虚部。该矩阵的每一个特征值对应一种振荡模式，当 $\sigma < 0$ 时，表明该模式是衰减的，其衰减速度可以用阻尼比 ξ 表示：

$$\xi = \frac{-\sigma}{\sqrt{\sigma^2 + \omega^2}} \tag{2-39}$$

当 $\sigma < 0$ 时，$\xi \in (0, 1]$，且 ξ 越大，表示该模式衰减速度越快。一般认为当 $\xi = 0.7$ 左右时阻尼效果最佳，在大电网中，当 $\xi < 0.05$ 时，可以认为该模式为弱阻尼模式，此时系统稳定性较差。

对任一特征值 $\lambda_i (i = 1, 2, \cdots, n)$，其右特征向量 $\boldsymbol{\phi}_i$ 和左特征向量 $\boldsymbol{\psi}_i$ 的定义分别为

$$\begin{aligned} A\boldsymbol{\phi}_i &= \lambda_i \boldsymbol{\phi}_i \\ \boldsymbol{\psi}_i A &= \lambda_i \boldsymbol{\psi}_i \end{aligned} \tag{2-40}$$

特征值 λ_i 对状态矩阵中元素 a_{kj} 的灵敏度可以定义为

$$\frac{\partial \lambda_i}{\partial a_{kj}} = \psi_{ik} \phi_{ji} \tag{2-41}$$

定义参与矩阵 $\boldsymbol{P}$，其能够表示状态变量对各振荡模式的参与程度：

$$\boldsymbol{P} = [P_1, P_2, \cdots, P_n] \tag{2-42}$$

$$P_i = \begin{bmatrix} p_{1i} \\ p_{2i} \\ \vdots \\ p_{ni} \end{bmatrix} = \begin{bmatrix} \phi_{1i} \psi_{i1} \\ \phi_{2i} \psi_{i2} \\ \vdots \\ \phi_{ni} \psi_{in} \end{bmatrix} \tag{2-43}$$

其中矩阵元素 p_{ki} 为参与因子，表示第 i 个振荡模式中第 k 个状态变量的参与程度。

从另一个角度上来看，参与因子 p_k 也可以表达为特征值 λ_i 对状态矩阵 A 的对角元素 a_{kk} 的灵敏度，即

$$p_{ki} = \frac{\partial \lambda_i}{\partial a_{kk}} \qquad (2-44)$$

因此，通过特征值灵敏度分析得出参与因子矩阵，便可以分析出各个状态变量对振荡模式的参与程度，从而求得与系统关键特征值强相关的状态变量及其对应机组。

3. 根轨迹分析法

在经过系统特征值分析和特征值灵敏度分析步骤后，即可通过改变与系统关键特征值强相关状态变量所对应的系统可调结构参数，来改变该特征值的位点，进而改善系统的动态响应性能。该方法即为根轨迹分析方法，参数优化方法主要采用根轨迹分析的方法来优化分布式光伏并网控制器参数。

当其他参数固定，控制某一参数在一定范围内变化，即可得到相应的根轨迹变化曲线，通过观察特征值根轨迹的变化，即可确定参数的调节范围。在此基础上，对所有的参数进行全局的优化控制，进而确定最优参数取值。基于根轨迹分析的控制器参数优化算法如图 2-25 所示。

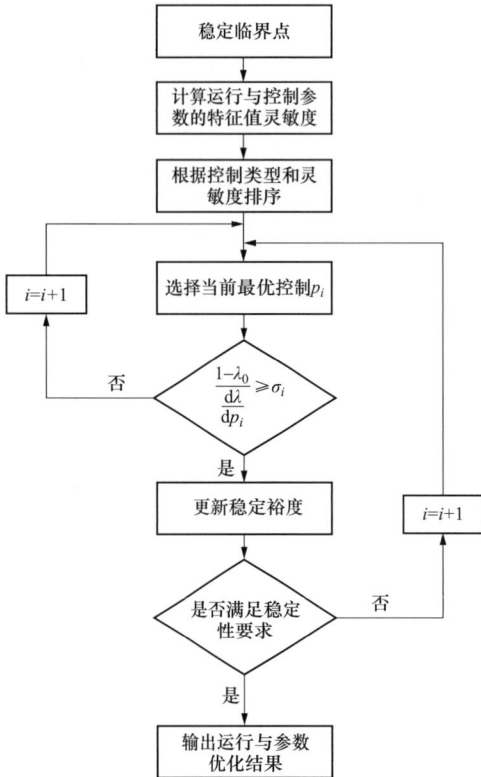

图 2-25 基于根轨迹分析的控制器
参数优化算法

第3章

高渗透率光伏接入配电系统功率预测

光伏发电将太阳能转化为电能，光伏出力与日照强度紧密相关。因此日照强度的昼夜变化及受地理与气象因素影响，光伏出力具有显著的随机性、间歇性的特点。随着光伏发电的发展，光伏发电总装机容量逐年升高，大量的分布式光伏无序并网给配电网带来了不利影响。可靠的光伏功率预测能为配电网的实时功率调控及调峰调频等调度决策行为提供一定的数据支撑，对于配电网及光伏电站的安全高效运行有着重要意义。本章通过对光伏设备的出力特性进行分析，探究影响光伏出力的因素，研究光伏功率预测模型与台区负荷预测模型。

3.1 光伏功率预测模型

可靠的光伏功率预测能为区域电网的实时功率调控及调峰调频等调度决策行为提供一定的数据支撑。随着预测领域研究的不断深入，各类预测技术不断提高，国内外专家提出了各类预测模型，比如经典的回归分析法、时间序列法、指数平滑法、灰色预测法、混沌理论技术、基于马尔可夫链的预测技术、BP神经网络预测技术、组合优化算法等。光伏预测的分类方式很多，按照预测的对象与流程不同，可以分为直接预测法与间接预测法；按照时间尺度分类，可以分为超短期预测、短期预测、中期预测和长期预测；按照空间尺度分类，可以分为单场预测与区域预测；按照建模方式分类，可以分为物理方法与统计方法。

3.1.1 光伏功率预测模型的时间、空间尺度分类

光伏发电功率预测按照时间尺度的长短可以分为以下四种：超短期预测、短期预测、中期预测以及长期预测。从电网运行角度，根据GB/T 40607—2021《调度侧风电或光伏功率预测系统技术要求》和GB/T 19964《光伏发电站接入电力系统技术规定》的规定，预测的时间尺度及执行周期如下。

1. 长期电量预测要求

应逐月滚动更新电量预测结果，每次预测未来12个月，宜每月上旬发布。

2. 中期功率预测要求

(1) 根据数值天气预报（NWP）的发布次数进行中期功率预测，单次计算时间应小

于 5min。

（2）应每日至少执行两次预测。

3．短期功率预测要求

（1）单次预测时长为未来 15min～4h，时间分辨率为 15min。

（2）根据 NWP 的发布次数进行短期功率预测，单次计算时间应小于 5min。

（3）应每日至少执行两次预测。

4．超短期功率预测要求

应每 15min 执行一次，动态更新预测结果，单次计算时间应小于 5min。

5．概率预测要求

（1）预测时长和时间分辨率应与中期、短期、超短期功率预测保持一致。

（2）应至少提供置信度为 95％、90％、85％的预测区间上下限，并可手动设置其他置信度。

超短期功率预测与短期功率预测可以采用物理方法与统计预测方法。超短期功率预测的物理方法通过将图像处理和云跟踪技术应用于云图，结合 NWP 或地面观测站数据，对光伏输出功率进行预测。短期功率预测所需气象数据的时空分辨率相对较低，所用物理方法为探测经云层反射的光，计算通过的云层的光对光伏输出功率进行预测。或是利用精细化的 NWP 数据进行预测无须云图数据。超短期功率预测与短期功率预测的统计预测方法主要包括自回归——滑动平均（ARMA）算法、人工智能算法等。

中长期光伏功率预测主要采用统计预测方法，利用所在地区历史数据来训练算法模型对光伏输出进行预测。后文将详细介绍物理方法与统计方法。

光伏输出功率预测按照空间尺度的大小可以分为单场预测与区域预测。单场预测指的是对单一光伏电站的功率预测，可以为发电企业提供光伏电站的输出功率预测，有助于发电企业调整控制发电计划，保证光伏电站的安全、经济运行。区域预测指的是对区域范围内接入电力系统的多个光伏电站总体输出功率进行预测，可以为电网运营商提供该区域内的光伏出力值，帮助电力调度部门预估光伏功率波动，制定多种电源协调调度计划，降低光伏电站接入对电网的不利影响。

3.1.2　光伏功率预测物理方法

光伏输出功率按照建模方式不同可以分为物理方法与统计方法。物理方法研究太阳辐照度、光伏功率的关键影响因素，建立太阳辐射与光伏的模型，基于太阳辐照传递方程、光伏组件运行方程等物理方程进行预测，需要光伏电站详细的地理信息及气象和太阳辐照数据。目前光伏功率预测的物理方法主要采用 NWP 和观测云图获取数据对太阳辐照度及光伏功率进行预测。统计方法研究太阳辐照度、光伏功率历史规律，参照历史数据建立并训练算法模型，基于所建预测模型输入、输出因素之间的统计关系进行预测，主要方法有神经网络等智能算法、时间序列法、基础预测法等。

1. 基于 NWP 的预测法

NWP 是指根据采集的大气实际情况，在一定的初值和边值条件下，通过大型计算机作数值计算，求解描写天气演变过程的流体力学和热力学的方程组，预测未来一定时段的大气运动状态和天气现象的方法。NWP 分为全球 NWP 与中尺度 NWP。全球 NWP 的时间分辨率为 3～6h，空间分辨率为 16～50km，相比之下中尺度 NWP 拥有更高的时间分辨率与空间分辨率，时间分辨率为 15min～1h，空间分辨率为 5～20km，甚至可达 1km。

该技术路线就是将 NWP 中收集的温度、相对湿度等特征变量与功率数据相结合，分析出各特征变量与功率间的对应关系，基于这些特征变量建立功率预测模型。此类模型的预测精度、泛化能力易受算法鲁棒性和 NWP 数据准确度的影响。面对快速变化的天气情况，云团的形状、位置在短时间内快速变化，此时 NWP 可能难以提供有效数据。NWP 的精度不高，通过 NWP 获得的太阳辐照度存在一定的误差，其误差来源主要有 NWP 模型内辐照转化模型、云量预测模型及其他预报变量的误差。

2. 基于观测云图的预测法

云图的观测按照技术路线可以细分为两类。

第一类是采用全天空成像仪（TSI）的地基云图，全天空成像仪使用仪器上方的摄像头拍摄位于下方带有加热装置的半球镜面，即可得到实时的云团图像，利用数字图像处理技术对地基云图进行处理和分析，对云团移动进行预估，并建立太阳辐照度与光伏模型，对光伏输出功率进行预测。该仪器能实现对全天空云的自动化观测和实时采集，最小时间分辨率可达 30s。不仅可以监测云量的大小，还可以通过分析云团变化导出天气情况，能很好地实现光伏电站上空云图的实时监测和采集，获取关于现有云团的范围、结构和运动趋势的详细信息。但全天空成像仪的视角范围有限，对于快速移动的云团其检测效果不佳，无法为光伏功率预测提供有效数据，现有 TSI 监测网络能够解决此类问题，但需要解决工程应用成本高、维护难度大等问题。全天空成像仪示意图如图 3-1 所示。

第二类是基于卫星观测云团的卫星云图，该方法是通过使用卫星上的传感器探测经云层反射的光获取云团图像，基于处理后的云图数据构建云层移动轨迹预测模型。依据太阳、云团和光伏电站三者间的空间关系建立云遮模型，量化分析云团遮挡条件下辐照强度变化特性。最后结合太阳辐照度与光伏输出功率的模型，实现光伏电站输出功率的预测。静止卫星能在很大的空间尺度范围

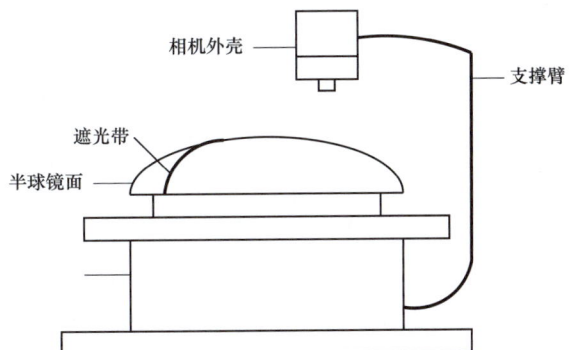

图 3-1 全天空成像仪示意图

内实时监测云团移动，持续提供高质量的卫星图像用于太阳辐照度及光伏功率预测，卫星云图观测数据能同时用于大范围内的多个光伏电站功率预测。

上述所说的地基云图及卫星云图都是基于假设云团在短时间形状不变，位置内部发生快速变化的情况下，通过分析云团的形状、位置、移动速度等信息量化处理云图数据，构建云层移动轨迹预测模型，配合太阳辐照度模型与光伏功率模型，进行光伏输出功率的预测。因为设备的发展限度与方法的局限，目前的物理方法还存在着一些问题：

（1）对于数据的收集都是基于假设云团在短时间形状不变，位置内不发生快速变化情况下，当遇上快速变化的天气状况时，物理方法难以获得准确有效的预测结果。

（2）受限于单一的收集信息维度，对于云层的高度信息难以收集，无法从云层高度角度处理云层对地面的遮挡效果。各个高度的云层统一处理，对最终的预测结果产生偏差。

（3）现有的云图空间分辨率较低，无法精准判断小范围内的云层状况。

（4）云图图像的处理需要在短时间内完成，对算法提出了高要求。

3.1.3 光伏功率预测统计方法

统计方法从太阳辐照度、光伏输出功率等大量历史数据中总结规律，参照历史数据建立并训练算法模型，基于所建预测模型进行预测，主要应用算法有神经网络等智能算法、时间序列法、基础预测法等。统计方法所应用的算法按照原理分类可以分为线性预测算法、非线性预测算法及组合预测算法。

1. 线性预测算法

线性预测算法是利用气象及光伏电站的历史数据，进行多元回归分析，预测太阳辐照度及光伏输出功率，常见的算法有回归模型法、指数平滑法、时间序列法、小波分析法等。

（1）回归模型法。回归预测经常在中长期功率预测中使用。通过对自变量及因变量的观测数据进行统计分析，根据历史数据的变化规律确定两类变量的回归方程，选取模型的参数，从而实现预测。回归预测法可以分为线性回归和非线性回归，也可分为一元回归和多元回归。当前通常采用多元线性回归模型来表述负荷及影响其变化因素之间的关系，模型如下：

$$y(t) = b_0 + b_1 x_1(t) + \cdots + b_n x_n(t) + \theta(t) \qquad (3-1)$$

式中　$y(t)$ ——t 时刻的预测负荷值，属非随机因变量；

　　　$x(t)$ ——影响系统负荷的各种因素，包括社会经济、人口、气候等，属于随机自变量；

　　　b_i ——回归方程的回归系数，$b_i(i=0, 1, 2, \cdots, n)$；

　　　$\theta(t)$ ——随机干扰，服从正态分布 $N(0, \sigma^2)$。

回归分析在统计平均意义下定量描述所观测变量，分析变量之间的数量关系，精度不高，不适合短期负荷预测。回归模型法存在一定的局限性，主要表现在：

1）回归模型只能考虑输入与输出变量间的线性关系，对于非线性关系很难找到适合的数学模型进行分析，无法详细考虑气象等因素的影响。

2）回归模型预测精度不高且缺乏自学习能力。当负荷结构发生变化时，如果不能及时修正输入与输出变量之间的关系，所导出的预测结果将存在一定的偏差。

3）回归模型设定回归变量时，选取主要因素且忽略次要因素，但主要因素难以确定。

4）为获得准确的预测结果，需要准确的历史数据。

（2）指数平滑法。指数平滑法实质思想是加权平均，故也称为指数加权平均法，属于确定型的时间序列预测技术。指数平滑法选取各时期权数作为递减指数数列，离预测点的数据越近加权系数越大，对近期数能够较大地影响下一刻的负荷这一实际情况有个切实的反映。通过对预测目标历史统计序列的逐层的平滑计算，消除由于随机因素造成的影响，找出预测目标的基本变化趋势进行预测。指数平滑法主要用于修正历史数据，分析时间数列的长期发展趋势。指数平滑法有许多具体的模型，常用于负荷预测方面的模型有线性模型和二次曲线模型。

1）线性模型为

$$X_t(l) = a_t + b_t \cdot l \tag{3-2}$$

式中　$X_t(l)$ ——第 t 期对 $t+1$ 期的预测值；

　　　l——预测超前期。

式中 a_t、b_t 的计算公式为

$$a_t = 2s_t^{(1)} - s_t^{(2)} \tag{3-3}$$

$$b_t = \frac{\alpha(s_t^{(1)} - s_t^{(2)})}{1-\alpha} \tag{3-4}$$

式中　$s_t^{(1)}$、$s_t^{(2)}$——t 期的一次、二次平滑值。

2）二次曲线模型为

$$X_t(l) = a_t + b_t \cdot l + c_t \cdot l^2 \tag{3-5}$$

$$a_t = 3s_t^{(1)} - 3s_t^{(2)} + s_t^{(3)} \tag{3-6}$$

$$b_t = \frac{\alpha}{2(1-\alpha)^2}\left[(6-5\alpha)s_t^{(1)} - 2(5-4\alpha)s_t^{(2)} + (4-3\alpha)s_t^{(3)}\right] \tag{3-7}$$

$$c_t = \frac{\alpha^2}{2(1-\alpha)^2}\left[s_t^{(1)} - 2s_t^{(2)} + s_t^{(3)}\right] \tag{3-8}$$

式中　　　　$X_t(l)$ ——第 t 期对 $t+1$ 的预测值；

　　　　　　l——预测超前期；

$s_t^{(1)}$、$s_t^{(2)}$、$s_t^{(3)}$——t 期的一次平滑值、二次平滑值、三次平滑值。

各次平滑值计算公式为

$$s_t^{(1)} = \alpha x_t + (1-\alpha)s_{t-1}^{(1)}(1, 2, \cdots, n) \tag{3-9}$$

$$s_t^{(2)} = \alpha s_t^{(1)} + (1-\alpha)s_{t-1}^{(2)}(1, 2, \cdots, n) \tag{3-10}$$

$$s_t^{(3)} = \alpha s_t^{(2)} + (1-\alpha)s_{t-1}^{(3)}(1, 2, \cdots, n) \tag{3-11}$$

指数平滑法可以用于短期预测及中长期预测。指数平滑法所需存储数据少、计算快捷、性能优良、适应性强。当应用负荷预测时，常采用线性模型与二次曲线模型。指数平滑法也存在局限性，指数平滑法的使用场景不同时，所选取的平滑系数 α 也不同。平滑系数的大小影响平滑值的变化，进而影响指数平滑模型的建立。指数平滑法预测的精确度取

决于是否选取了合适的平滑系数 α。

（3）时间序列法。时间序列预测法将负荷数据按照季节、周、天及小时等时间尺度划分为周期性变化的时间序列，根据历史负荷数据，分析负荷变化过程中的统计规律性并以此建立数学模型，在此基础上确立负荷预测的数学表达式，进而对负荷进行预测。时间序列法基础模型为

$$y(t)=B_1(t)+B_2(t) \tag{3-12}$$

式中　$y(t)$——t 时刻系统的总负荷；

$B_1(t)$——t 时刻系统基本正常负荷分量；

$B_2(t)$——t 时刻系统随机负荷分量。

时间序列模型有自回归模型（AR）、动平均模型（MA）、自回归动平均模型（ARMA）、累积式自回归动平均模型（ARMIA）等。各模型定义如下：

1）自回归模型（AR）：现在值可以由其本身过去值有限项的加权和与一个干扰量来表示。

2）动平均模型（MA）：现在值可以由其本身现在与过去干扰量有限项的加权和来表示。

3）自回归动平均模型（ARMA）：现在值可以由其本身过去值有限项的加权和与其本身现在与过去干扰量有限项的加权和的叠加来表示。

4）累积式自回归动平均模型（ARMIA）：适用于含有趋势项的非平稳随机过程。

时间序列法发展较早，使用广泛，现已较为成熟，但也有其局限性，时间序列法对于历史数据的精确性要求高，错误数据对于预测影响大；时间序列法的预测精度随着预测步长的增大而减小；对于天气因素不敏感，难以解决因天气因素造成的预测偏差。

（4）小波分析法。小波分析（wavelet transform，WT）是一种时域—频域分析方法，既发扬了 Fourier 分析的优点，又克服了 Fourier 分析的某些缺点，在时域和频域上同时具有良好的局部化性质，并且能根据信号频率高低自动调节采样的疏密，容易捕捉和分析微弱信号，可以聚焦到信号的任意细节，尤其是对奇异信号很敏感，能很好地处理微弱或突变的信号。它将一个信号的信息转化成小波系数，可以方便地处理、存储、传递、分析或用于重建原始信号。在小波变换的基础上有学者提出了一种更为高效实用的提升小波变换（lifting wavelet transform，LWT）。该方法直接在原波形的基础上进行分解运算，并通过反转正变换得到逆变换，大幅度降低了运算的复杂性。提升小波算法主要包括分裂、预测和更新三个部分。

1）分裂部分。根据小波中相邻数据的相关性，为预测及更新过程提供数据基础，将 $X(n)$ 分成奇偶两个子序列 $X_{odd}^1(n)$ 和 $X_{even}^1(n)$。

$$X_{odd}^1(n)=X(2n+1) \tag{3-13}$$

$$X_{even}^1(n)=X(2n) \tag{3-14}$$

2）预测部分。由于 $X(n)$ 中奇偶两个子序列具有相关性，依据偶序列来预测奇数列，

获得奇分解 X_{odd}^1 的预测值 $P[X_{even}^1]$，预测的精确程度可以用实际值与预测值的差值 $d^1(n)$ 来表示。

$$d^1(n) = X_{odd}^1(n) - P[X_{even}^1(n)] \qquad (3-15)$$

式中　P——预测算子，一般由 X_{even}^1 中对应相邻两个数据的平均化所得

$$P[X_{even}^1(n)] = \frac{[X_{even}^1(n) + X_{even}^1(n+1)]}{2} \qquad (3-16)$$

因为预测值是通过取两个相邻数据连线的中间点所得，所以预测值比实际值更为平滑和低频。

3）更新部分。经过了分裂和预测之后，所得到的低频和高频分量与 $X(n)$ 中数据的变化过程并非完全对应，会产生一定的偏差，此时需要一个更新的过程来调整得到的子序列，使之能够保留原数据的变化特征，并且使修正后的序列只包含 $X(n)$ 的低频分量。一般用 $d^1(n)$ 来修正 X_{even}^1，即

$$X_{even}^1 = X_{even}^1 + U[d^1(n)] \qquad (3-17)$$

式中　$d^1(n)$——经过修正后的序列，也是 $X(n)$ 的一条低频拟合曲线；

　　　U——更新算子，可取多种函数。

$$U[d^1(n)] = \frac{d^1(n)}{2} \qquad (3-18)$$

$$或 U[d^1(n)] = \frac{[d^1(n-1) + d^1(n)]}{4} + \frac{1}{2} \qquad (3-19)$$

经过这样的小波提升变换，原始信号 $X(n)$ 最终被分解成低频圆滑信号 $X^1(n)$ 和高频噪声 $d^1(n)$，在此基础上再对 $X^1(n)$ 重复以上三个步骤，分解出 $X^2(n)$、$X^3(n)$、$X^4(n)$、…和 $d^2(n)$、$d^3(n)$、$d^4(n)$、…，分解次数越多，高频噪声过滤得则越彻底。

上述算式皆为可逆，故提升小波的逆变换只需反转正运算即可，反变换得到原序列 $X(n)$。

$$X_{even}^1(n) = X^1(n) - U[d^1(n)] \qquad (3-20)$$

$$X_{odd}^1(n) = d^1(n) - P[X_{even}^1(n)] \qquad (3-21)$$

$$X(n) = \mathrm{Merge}[X_{even}^1(n), X_{odd}^1(n)] \qquad (3-22)$$

对于负荷预测，选用合适的小波，将不同性质的负荷分类，从而可以根据某种性质的功率曲线采用相应的预测方法，分别预测分解出的序列，再重构预测得到的序列，得到预测结果。重构将可能会造成累加误差，因此为了获得更高的预测精度，会加大模型的复杂性。小波分析提供了一个新的预测思想，应用前景非常广阔。

2．非线性预测算法

在预测过程中，很多目标函数或者约束条件难以用线性函数表达，此时需要借助非线性预测算法进行预测，常见的算法有灰色预测法、人工神经网络法、模糊预测方法、混沌理论、马尔可夫链预测法。

（1）灰色预测法。灰色预测法预测的系统通常含有不确定因素。

灰色预测法通常将杂乱无章的随机变量通过累加生成、累减生成或级比生成的方法整

理成有规律的模型，且只需少量数据。增强其规律性，使其变成具有指数增长规律的上升形状就对生成的数列建立起灰色模型 GM（grey model）模型，即对 n 个变量用一阶微分方程建立的灰色模型。用灰色模型的微分方程预测时，所求的灰色预测模型为求解微分方程的时间响应函数表达式。修正模型的精度和可信度后，即可根据此模型进行预测。此预测法需要经过适当的处理后才能达到相应的精度。但和其他方法相比，存在一定的局限性，数据预测的精确度受数据的离散程度影响比较大，目前已经有了一些改进的方法，且取得了不错的效果。灰色预测模型如下：

$$\hat{X}^{(0)}(k) = \hat{X}^{(1)}(k) - \hat{X}^{(1)}(k-1), \quad k = 2, 3, \cdots, n \qquad (3-23)$$

式中　　$\hat{X}^{(0)}$——原始数列；

　　　　$\hat{X}^{(1)}$——一阶累加生成序列。

灰色预测法所需数据少、运算简便、易于检验，得到广泛应用。灰色预测法的局限性在于：

1）灰色预测法的预测精度与数据离散程度有关，数据离散程度即数据灰度越大，则预测精度越差。

2）具有实际意义、精度较高的预测值，仅是最近的一、两个数据，对于后几天的预测值将会有较大的偏差。

3）其微分方程指数解比较适合于具有指数增长趋势的负荷指标，对于具有其他趋势的指标则有时拟合灰度较大，精度难以提高。

（2）人工神经网络法。人工神经网络算法（artificial neural network，ANN），可以在预测因子（输入变量）与预测变量（输出变量）之间的函数关系未知的情况下，通过两者的一组历史记录数据，学习和训练某种学习算法，根据选定的目标函数，得出一个最优的人工神经网络模型，然后根据预测因子，达到预测目的。该算法对于大量的非结构化、非精确性规律具有自适应功能，具有信息记忆、自主学习及优化计算的特点。人工神经网络算法预测的精度及收敛的速度是当前的研究主要热点，研究中主要利用与其余的一些方法结合起来来提高预测的精度以及收敛的速度。

由于人工神经网络是由数量繁多且简单的神经元构成，引出神经网络可以拟合任意的非线性函数，抽取历史函数的特性并对其拟合其中的非逻辑关系。人工神经网络只需要通过训练对历史数据便可得到输入/输出数据之间的映射关系。

BP 神经网络（back propagation，BP 算法）是 Rumelhart 和 McCelland 为首的科学家小组于 1986 年首次提出，其中的主要机理是通过误差进行反向传播后进行训练的多层前馈网络，是目前使用较为广泛的神经网络之一。BP 神经网络中的传递函数使用的是 Sigmoid 型可微函数，可以较为方便地实现输入和输出之间的任意非线性映射。据不完全统计，人们使用的神经网络大概有 90% 是基于 BP 算法的基础。其示意图如图 3-2 所示。

对于一个完整的神经网络预测模型，一般情况下需要由训练样本、神经网络、校验样本三部分组成。其中神经网络的初始化权重和阈值可以是任意的，激励函数的选取根据实际情况来选定；训练样本由输入和输出组成，用来对神经网络进行训练，BP 神经网络算法

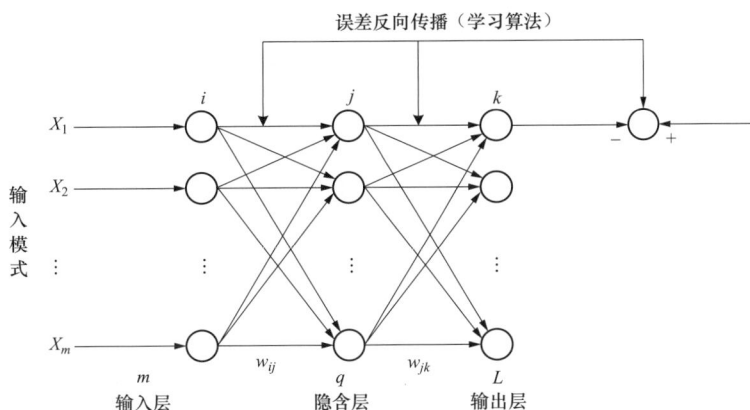

图 3-2　BP 神经网络结构示意图

根据误差反向传播不断调整不同层次不同神经元的权重和阈值，使得网络的预测精度不断提高；校验样本用来对训练后的网络进行校验，如果误差在可接受的范围内表示该模型的构建是成功的，如果误差较大，则表示网络的节点选取、层次选取等方面还存在不完善的地方，需要改进。

人工神经网络法在国内外已经取得了许多成功的实例，是一种非常有效的负荷预测技术。人工神经网络实现预测的手段参照生物神经系统的结构，目前使用得比较多。

太阳能发电功率曲线利用人工神经网络任意靠近非线性函数的特征，用人工神经网络拟合功率历史数据，预测抽取和逼近功率曲线。人工神经网络不需要假定复杂的输入变量但是具有模拟多变量，只要训练输入输出数据，便可以获得输入输出之间的映射关系，从而进行预测。

（3）模糊预测方法。模糊理论和人工神经网络是两种常用且很有实用价值的预测技术，后者模仿人的直观的思维方式，特点在于分布式存储信息和并行协同处理，能够进行集体运算且拥有自适应学习能力，前者则用规则的形式来模拟操作人员的经验，并用可以在计算机上使用的算法进行转换，与 ANN 相似，模糊逻辑（fuzzy logic，FL）可以近似任何的函数关系，并且抗系统扰动的能力比较强。对于难以建立精确数学模型的、不确定性的及非线性的系统，常规方法不能解决的问题都可以用 FL 解决。同时结合了 FL 和 ANN 优点的模糊神经网络 FNN 能够更好地改善负荷预测的精度，负荷预测的精度明显超过常规的回归分析，也超过单独使用 ANN 或者 FL 得到的预测精度。

模糊预测法有其他算法无法做到的优点。模拟专家来进行推理与判断，所用模型不需要很高的精确度，模糊理论中建立的隶属函数可以明确表述专家意图，用以处理电力系统中许多不精确的现象；在分析气象及突发事件等难以用数学关系量化的因素，模糊预测法表现得比传统计算预测更为精确；模糊预测法的自适应性，为系统带来了高自适应性和鲁棒性。相应的在模糊预测算法也有其局限性，模糊预测算法的学习能力较弱且受人为因素影响严重；当映射区域划分不够细致时，映射输出较为粗糙。

（4）混沌理论。混沌理论是非线性科学的重要组成部分，是确定的非线性动力学系统中出现的随机现象，是不含外加随机因素的完全确定的内在随机行为，产生这一随机现象的本质是系统内部的非线性作用机制，但并非任何非线性系统都会产生混沌。通常混沌系统所具有的本质特征有：

1）混沌具有内在随机性，是确定性系统内部随机性的反映，它不同于外在的随机性，系统是由完全确定性的方程描述，无须附加任何随机因素，但系统仍会表现出类似随机性的行为。

2）混沌具有分形的性质，即出现混沌现象的系统参数或初值的边界往往是分形的，而各种奇异吸引子都具有分形结构，由分维数来描述其特征。最常见的分形图具有自相似性或支离破碎。

3）混沌具有标度不变性，是一种无周期的有序，在由分岔导致混沌的过程中，遵循费根包姆常数系，是倍周期分岔走向混沌的普适性数值特征。分岔是指系统的某个参数跨过某个特定值时，系统解的结构发生了变化。

4）混沌现象具有对初始条件的敏感依赖性，只要初始条件稍有差别或微小扰动就会使系统的最终状态出现巨大的差异。因此，混沌系统的长期演化行为是不可预测的。

5）至少有一个正的 Lyapunov 指数。Lyapunov 指数定量地描述了相邻轨道呈指数发散的性质，若 Lyapunov 指数为正，则表示相轨道发散，系统具有混沌特性。若 Lyapunov 指数为负，则表示系统处于稳定状态，并收敛于不动点或出现周期解，当 Lyapunov 指数为零时系统处于临界状态。

6）具有连续功率谱。随机性系统的功率谱是连续变化的，而对于确定性系统其功率谱具有有限个离散频率取值，对于混沌系统具有少数几个比较明显的频率，其余是大量连续变化取值。

现实问题中大量的时间序列真实模型都是非平稳、非线性的，甚至是混沌的，它们中有许多无法也不可能用线性模型去逼近，因为其中的一个重要原因是：即使是一个低阶的非线性模型也不能用高阶的线性模型去描述。另外，传统预测方法的共同特点是先建立数据序列的主观模型，然后根据主观模型进行计算和预测。随着混沌科学的发展，使得可以不必事先建立主观模型，而直接根据数据序列本身所计算出来的客观规律进行预测，这样可以避免预测的人为主观性，提高预测的精度和可信度。在实际问题中，电力负荷往往表现为多变量动态演化行为和多层次结构等，因此很难用某种函数关系来表示其非线性预测模型，但其负荷序列具有一定的规律性，如某时期的发展变化与以前某时期的发展有着相似或相同的规律。混沌预测正是利用混沌吸引子在不同层次间的自相似性进行混沌系统的短期预测，它不需要了解各影响因素与负荷之间的相互关系，也无须对负荷序列建立工作日和节假日预测模型，仅通过相空间重构来近似恢复原来的多维非线性混沌系统。随着相空间重构理论和方法的不断发展和完善，对混沌理论的研究也更充实和完备，并且能够将一些理论模型上所研究的混沌概念和方法直接移植到观测资料所确定的动态系统上，从而使人们可直接通过观测得到的时间序列来研究所考虑系统的动力学行为。这不仅缩减了混沌理论和实际应用之间的距离，而且使混沌理论得以转向实用研究阶段，并得到越来越广泛的应用。

（5）马尔可夫链预测法。马尔可夫链预测法属于系统工程中概率预测法，主要研究事物的状态及状态转移。这种预测方法是对不同状态的初始概率和不同状态之间发生转移的概率进行研究，以此来预测确定状态的走向趋势，最终可以达到对未来某个状态进行预测的目的。

马尔可夫链是马尔可夫随机过程的一种特殊形式，它具有离散的状态和离散的时间参数。随机过程中，下一时刻的系统状态只与当前时刻的状态有关，而与以前时刻的状态无关。为便于分析，将状态空间划分出多组长方形区域，落在同一长方形区域中的点视为马尔可夫链中的同一状态。任何时刻，太阳能辐射占有某一状态，用状态概率质量函数，即初始分布 P 表示 n 时刻太阳辐射在各状态的分布概率。随机过程 $\{X_n, n \in T\}$ 满足非负整数时间集合 $T = \{n = 0, 1, 2, \cdots\}$，状态空间 $S = \{s_0, s_1, \cdots, s_n\}$。对任意的正整数时刻 n 及任意的非负整数 $n+1 > n > \cdots > 1 > 0$，与相应的状态 $s_{n+1}, s_n, \cdots, s_1, s_0$，式（3-24）成立。$\{X_n, n \in T\}$ 即为马尔可夫链。

$$P\{X_{n+1} = s_{n+1} \mid X_n = s_n, \cdots, X_1 = s_1, X_0 = s_0\} = P\{X_{n+1} = s_{n+1} \mid X_n = s_n\}$$

$$(3-24)$$

X_n 在时刻 n 的一步状态转移概率矩阵为

$$P\{X_{n+1} = s_{n+1} \mid X_n = s_n\} = P\{X_{n+1} = j \mid X_n = i\} = P_{ij}^{(1)}(n), \ (i, j \in S) \quad (3-25)$$

一步转移概率 $P_{ij}^{(1)}(n)$ 应满足

$$P_{ij}^{(1)}(n) \in [0, 1], \ i, j \in S \quad (3-26)$$

$$\sum_{j \in S} P_{ij}^{(1)}(n) \in [0, 1], \ i \in S \quad (3-27)$$

一步转移矩阵为

$$\boldsymbol{P}^{(1)} = \begin{bmatrix} P_{00}^{(1)}(n) & P_{01}^{(1)}(n) & P_{02}^{(1)}(n) & \cdots \\ P_{10}^{(1)}(n) & P_{11}^{(1)}(n) & P_{12}^{(1)}(n) & \cdots \\ P_{20}^{(1)}(n) & P_{21}^{(1)}(n) & P_{22}^{(1)}(n) & \cdots \\ \cdots & \cdots & \cdots & \cdots \end{bmatrix} \quad (3-28)$$

如果状态空间为有限集 $S = \{s_0, s_1, \cdots, s_n\}$，那么则称 $\{X_n, n \in T\}$ 为有限状态马氏链。

设 $x_1, x_2, \cdots, x_n$ 样本序列，包含 n 个状态空间 $S = \{s_0, s_1, \cdots, s_n\}$，$f_{ij}$ 从状态 i 进一步转移到状态 j 的频数，$f_{ij}(i, j \in S)$ 为转移频数矩阵 $(f_{ij})_{i,j \in S}$。状态 i 出现次数的总和为 f_i，转移概率为

$$p_{ij} = \frac{f_{ij}}{f_i} (i, j \in S) \quad (3-29)$$

转移概率矩阵可简记为 $(p_{ij})_{i,j \in S}$。

对于 k 阶转移概率（$k \geq 2$），$p_{ij}^{(k)}$ 是由状态 S_i 经过 m 次（$k > m \geq 1$）转移成为状态 $S_{ir}^{(m)}$，再由状态转移成为 S_j 的概率。

$$P_{ij}^{(m)} = \sum_{r=1}^{l} P_{ir}^{(m)} P_{rj}^{(k-m)} \quad (k > m \geqslant 1) \tag{3-30}$$

二阶转移概率矩阵 $\boldsymbol{P}^{(2)}$ 中的元素 $P_{ij}^{(2)}$ 等于一阶转移概率矩阵 $\boldsymbol{P}$ 中第 i 行各元素与第 j 列的各元素对应相乘相加，按矩阵乘法规则

$$\boldsymbol{P}^{(2)} = \boldsymbol{P} \cdot \boldsymbol{P} = \boldsymbol{P}^2, \quad \boldsymbol{P}^{(k)} = \boldsymbol{P}^k \tag{3-31}$$

m 步转移概率组成 m 步状态转移概率矩阵

$$\boldsymbol{P}^{(m)} = \begin{bmatrix} P_{11}^{(m)} & P_{12}^{(m)} & \cdots & P_{1j}^{(m)} \\ P_{21}^{(m)} & P_{22}^{(m)} & \cdots & P_{2j}^{(m)} \\ \vdots & \vdots & & \vdots \\ P_{j1}^{(m)} & P_{j2}^{(m)} & \cdots & P_{jj}^{(m)} \end{bmatrix} \tag{3-32}$$

根据转移概率矩阵 $\boldsymbol{P}^{(m)}$ 和初始状态 s_i，则可建立马尔可夫链。在实际计算中，如果发现预测值偏离真实值超过所在状态类型，可以进行一定修正后，重新开始计算预测值。

光伏发电量随太阳辐射量发生变化，马尔可夫链预测模型是把系统看作一个整体，通过每天不同时刻太阳能辐射量和环境温度的变化趋势构成状态，根据每个时刻发电量状态的转移概率，有效预知未来系统发电量的构成状况。分布式光伏的当天发电量与次日的发电量无关，不具备后效性，适用于马尔可夫预测模型用于预测每天的发电量。

数据的分类目的是便于提取和统计发电量出现的概率。根据马尔可夫链预测模型的要求，把气象资料（如辐射量和温度等）、时间等数据进行分类，得到对应的光伏并网发电系统的发电量的分类值。分类的细化程度将影响预测结果。该步骤实际为数据样本的离散化处理。

根据气象资料和发电量的分类情况，可以确定马尔可夫链预测模型中的一步转移概率矩阵。

$$\boldsymbol{P} = \begin{array}{c} \\ 1 \\ 2 \\ 3 \end{array} \begin{bmatrix} 1 & 2 & 3 \\ P_{11} & P_{12} & P_{13} \\ P_{21} & P_{22} & P_{23} \\ P_{31} & P_{32} & P_{33} \end{bmatrix} \tag{3-33}$$

以选取某一时间段内的初始状态概率作为初始状态概率向量 $\boldsymbol{S}^{(0)} = (s_1^{(0)}, \ s_2^{(0)}, \ s_3^{(0)})$。利用马尔克夫链预测 k 时刻的光伏并网发电量。

$$\begin{aligned} \boldsymbol{S}^{(1)} &= \boldsymbol{S}^{(0)} \boldsymbol{P} \\ \boldsymbol{S}^{(2)} &= \boldsymbol{S}^{(1)} \boldsymbol{P} = \boldsymbol{S}^{(0)} \boldsymbol{P}^2 \\ &\vdots \\ \boldsymbol{S}^{(k+1)} &= \boldsymbol{S}^{(0)} \boldsymbol{P}^{(k+1)} \end{aligned} \tag{3-34}$$

式中 $\boldsymbol{P}$——一步转移概率矩阵；

$\boldsymbol{S}^{(k+1)}$——k 个时间段后光伏并网发电量的状态向量。

据此可在已知初始条件的情况下，对任意时段后光伏发电量作出预测。

3. 组合预测算法

组合预测有两类概念：①将几种预测方法所得的预测结果，选取适当的权重进行加权平均；②在几种预测方法中进行比较，选择拟合优度最佳或标准离差最小的预测模型进行预测。组合预测方法是建立在最大信息利用的基础上，它最优组合了多种单一模型所包含的信息。

无论是经典的负荷预测模型或是智能预测模型，都有其不足和缺点，所以结合各种预测模型优点的组合方法得到了越来越多的关注。首先提出组合预测概念的是 Bates 和 Granger。他们采用国际航班乘客数据组合 Box-Jenkins 自适应方法与 Brown 指数平滑方法，得到了较高的预测精度。在他们后来的研究中，Bates 和 Granger 采用了最小方差方法（MV），同时也强调了组合权随时间变化的可能性。在此之后，许多学者对此做了更深入的研究和广泛的应用，得出的基本结论是组合预测比单一预测对于环境的变化具有更强的适应能力。电力负荷所受影响因素众多，很难用一种模型来描述所有变化因素，通常某一种预测方法往往仅侧重于某一个或几个方面，且不同负荷预测模型具有不同特点，组合预测法充分利用了多种模型的预测特点，因此在一定程度上能提高负荷预测的鲁棒性和实用性。

该方法最优组合了多种单一模型所包含的信息，同时考虑不同模型各自的优点，提高预测的精度。在多数情况下，通过组合各种预测方法可以达到改善预测的目的。组合优化预测法，在建立模型时同样也受到限制主要很难确定众多参数之间的精确关系。虽然其预测的精度提高有限制，但是总体来说还是比单一模型要精确。

3.1.4　光伏预测的精度提升及评价指标

光伏预测基于气象数据及相关历史数据，在不同的情况下获取的气象数据差异较大，导致不同情况下的光伏预测精度也有极大的差异。提高光伏预测精度成了光伏功率预测的首先要解决的问题。当下常用的用以提升光伏预测精度的方法主要分为两方面：①通过预处理数据提升数据品质；②深度挖掘数据特性提高模型精确性。

1. 光伏数据预处理

光伏预测所用数据存在不同的量纲及数据范围，而不同环节所得用以光伏预测的数据质量不同，坏数据的产生及数据缺失可能来自测量、传输环节。因此，为获得高精度的光伏预测结果，首先就要对光伏数据进行预处理操作。光伏数据预处理包括剔除坏数据、重构缺失数据、数据归一化和去趋势化。

（1）在对光伏数据进行预处理时，首先要基于物理规律及数据采样时的要求来对坏数据进行剔除，而光伏数据因其本身的分散性为定义坏数据带来了一定的难度，对坏数据的定义精确度会影响光伏数据的可靠性，从而影响光伏预测的准确性。

（2）在面对具有连续性或是小体量数据样本时，简单地剔除缺失数据会影响预测的精度，需要对缺失数据进行重构，从而保证预测的精度。因为光伏数据具有很强的波动性及随机性，常用的数据重构法难以很好地还原重构数据样本。如用于提高 NWP 数据时空分辨率的插值法就很难在光伏数据领域发挥作用。基于太阳辐照度和气象因素的空间连续性及相似性，有学者采用空间相关性理论，利用目标光伏电站周边光伏电站的数据和主成分分析法，实现对目标光伏电站辐照度或功率缺失数据的重构。

（3）在解决完光伏数据的筛选及缺失数据重构后，还需根据光伏数据的特性进行数据归一化和去趋势化的调整。因光伏预测所用数据存在不同的量纲及数据范围，为减小不同的量纲及数据范围对预测结果的影响，需要对光伏数据进行数据归一化操作。统计方法通常无法适应具有趋势的数据，如具有明显季节与时间变化趋势的光伏数据，需要对光伏数据进行去趋势化操作，将太阳辐照度进行标准化或是转化为晴空指数用于光伏预测。

2. 光伏数据特性深度挖掘

光伏数据特性深度挖掘方面的研究主要可以分为两大类：①光伏数据的分类与聚类筛选，通常采用相似日的概念进行研究；②输入数据的选择，通过物理分析和数学方法，选择目标预测条件下的主导因素。

在进行光伏数据样本筛选时多采用相关性分析和多元回归方法对特性进行分析，分析包括光资源和光伏发电的特性，用以寻找相似样本训练预测模型。这样不仅可以防止小容量样本的规律性被遮盖，还可使预测模型对目标样本更有针对性。分类筛选研究可分为以下两类：

（1）将光伏数据按不同的天气类型划分。划分依据通常是季节与天气类型，也可用辐照度和云量作为指标，将光伏样本划分为晴天、阴天、雨天等。此类划分指标选取简单、实现方便，但划分结果粗糙，不能给出精确的物理、数学解释。

（2）选择特征指标构造特征空间，并通过 Kmeans 聚类、自组织神经网络（SOM），以及支持向量机（SVM）和分类与回归树（CART）等方法实现样本的分类/聚类。选择区分度显著的特征指标和有效的分类/聚类方法是这类研究的重点。特征指标的获取方式有：①直接从 NWP 中获取，如温度、云量等；②提取直接可得参数序列的某个统计指标作为特征指标，如晴空指数、辐照度三阶导数最大值、辐照度方差、辐照度与理论值偏差值等；③变换直接可得参数，形成特征指标，如采用主成分分析法将现有的相互相关的参数转换为互不相关的主成分。

输入数据选择是通过物理分析和数学方法，选择目标预测条件下的主导因素。在不同预测时空尺度、天气模态下，对地面辐照度和光伏功率产生主要影响的因素不同，直接辐照度、总辐照度、散射辐照度的主要影响因素也不同；对地面直接辐照度影响最明显的因素是云层覆盖率、气溶胶光学厚度、对流层大气成分和平流层大气，对地面总辐照度影响最明显的因素是降雨量和太阳天顶角。随着气象研究的发展和测量技术的升级，还出现了一些与地面辐照度和光伏功率相关的新参数，如液态水深、空气质量系数、气溶胶光学厚度等。输入数据选择的方法有多元线性回归法、主成分分析法、相关系数计算法、灵敏度分析法、伽马测试（GT）和遗传算法（GA）等。

预测技术发展历程较长，以及形成了许多较为成熟的算法。各算法都有其侧重点，各预测算法比较见表 3 - 1。

表 3 - 1   预 测 算 法 比 较 表

预测方法	预测模型	优点	缺点
回归预测法	一元线性回归、多元线性回归、非线性回归	预测精度较高，适用于中长期预测	要求高质量的历史数据，自学习能力弱，难以确定回归变量
指数平滑法	线性模型、二次曲线模型	所需数据量少、计算快捷，可以消除随机因素造成的影响，常用于修正历史数据	预测的精度取决于是否选取了合适的系数，且使用场景不同需要选取的平滑系数也不同
小波分析预测法	小波变换、周期性自回归模型（PAR）模型逆变换	能很好地处理微弱或突变的信号，能对不同的频率成分采用逐渐精细的采样步长	提高预测精度的同时，会加大模型的复杂性
灰色预测法	累加生成预测模型累减还原	所需数据量少、受分布规律及变化趋势影响小、运算方便，短期预测精度高，适合于具有指数增长趋势的负荷预测	预测精度与数据灰度相关，灰度越大，精度越差
人工神经网络预测法	输入层、隐含层、输出层	具有自学习和自适应功能、具有并行处理能力和强的非线性映射能力以及好的容错性	容易陷入局部最优，隐含层数确定难，收敛速度慢
模糊预测法	模糊化、推理规则、反模糊化	具有处理不确定和模糊信息的能力，容易处理难以用数学关系描述的因素	学习能力差，易受人为主观影响，当映射区域划分不够细时，映射输出比较粗糙
混沌时间序列预测法	相空间重构、建立预测模型	无须直接考虑负荷影响因素，运算方便	对历史数据要求严格，需要数据量多
马尔可夫链预测法	隐马尔可夫模型、马尔可夫随机场	利用不同状态的初始概率和不同状态间发生转移的概率进行研究	对数据质量要求较高
组合预测法	多种方法预测结果、权值确定	组合了多种单一预测模型的信息	权重的确定比较困难，考虑因素有限

3. 光伏预测精度评价指标

统一规定的预测评价指标能直观地反映出光伏预测结果的精度，通常采用方均根误差、平均绝对误差、平均误差、相关系数、标准差和技术得分来作为评价指标。假设 X 为实测值，$\hat{X}$ 为预测值，N 为样本数据量，cov 为协方差，var 为方差，则预测评价指标具体如下：

（1）方均根误差 e_{RMSE}：

$$e_{\text{RMSE}} = \sqrt{\frac{1}{N}\sum_{i=1}^{N}(\hat{X_i} - X_i)^2} \tag{3-35}$$

（2）平均绝对误差 e_{MAE}：

$$e_{\text{MAE}} = \frac{1}{N}\sum_{i=1}^{N}|\hat{X_i} - X_i| \tag{3-36}$$

（3）平均误差 e_{MBE}：

$$e_{MBE} = \frac{1}{N} \sum_{i=1}^{N} (\hat{X}_i - X_i) \tag{3-37}$$

（4）相关系数 ρ：

$$\rho = \frac{[cov(\hat{X}, X)]^2}{var(X)var(\hat{X})} \tag{3-38}$$

（5）标准差 e_{SDE}：

$$e_i = \hat{X}_i - X_i \tag{3-39}$$

$$e_{SDE} = \left[\frac{1}{N-1} \sum_{i=1}^{N} (e_i - \bar{e}_i)^2 \right]^{\frac{1}{2}} \tag{3-40}$$

（6）技术得分：通过将新模型预测结果与基准模型预测结构对比所得。

$$M_{SS} = \frac{M_r - M_f}{M_r - M_p} \tag{3-41}$$

式中　M_r、M_f、M_p——基准预测模型、新预测模型、无误差完美模型的某个预测误差指标。

3.2　台区负荷预测模型

传统负荷是指电力系统中难以计数的用电设备消耗功率的总和，纯粹消耗功率而不具备可控性。广义负荷是指一个变电站供电范围内所有电气设备的总和，包括传统负荷、新型负荷、分布式电源和分布式储能等，其功率由纯粹被动消耗变为具有一定的双向性和可控性。台区负荷指配电网中某一台区用户的所有用电设备在某一瞬间消耗功率的总和。负荷预测是指利用数学方法从过去与现在的负荷数据中找出规律性、建立预测数学模型，在满足一定的要求与约束情况下，确定未来某个时刻的负荷数值。本节从介绍了负荷预测的分类与特点，并给出了负荷预测方法之间的特征比较。

3.2.1　负荷预测的分类与特点

电力系统中的负荷预测目标可以分为电量预测及电力预测两大类。电量预测包括社会电量、网供电量、各行业电量、各产业电量等。电力预测包括最大负荷、最小负荷、峰谷差、负荷率、负荷曲线等。

1. 负荷预测的分类

负荷预测按行业分类可以分为城市民用负荷、商业负荷、农村负荷、工业负荷以及其他负荷预测。另外，负荷预测按特性分类又可以分为最高负荷、最低负荷、平均负荷、负荷峰谷差、高峰平均负荷、低谷负荷平均、全网负荷、母线负荷、负荷率等类型的负荷预测，以满足供电、用电部门的管理工作的需要。

在预测应用中通常按时间尺度分类，可以分为长期、中期、短期和超短期负荷预测。

长期预测一般指 1 年以上并以年为单位的预测，长期预测常用于制定电力系统发展规划，确定年度运行计划及检修计划，提供电力系统规划的基础数据；中期预测指以月为单位的预测，中期预测作为电力计划部门、用电营销部门的重要工作，常用于安排电力系统的月度运行计划，目的是提高月度运行计划的合理性、降低运行成本、提高电力系统的可靠性；短期预测则是指以周、天、小时为单位的负荷预测；超短期负荷预测指未来 1h、0.5h 甚至 10min 的预测。短期及超短期预测常用于规划调度部门的机组优化组合、经济调度、最优潮流，对于现有的电力市场具有重要意义。通常将超短期负荷预测与短期负荷预测合称为短期负荷预测，中期负荷预测与长期负荷预测合称为中长期负荷预测。负荷预测时间尺度分类示意图如图 3-3 所示。

图 3-3　负荷预测时间尺度分类示意图

2. 负荷预测的特点

由于负荷预测是根据电力系统负荷的历史数据推测它的未来数值，因此负荷预测工作所研究的对象是不确定事件。为推测负荷的变化趋势及未来的状况，需要采用合适的预测方法对这类不确定事件或是随机事件进行分析。这就使负荷预测具有以下明显的特点：

（1）可知性原理。客观世界是可以被认识的，人们不但可以认识它的过去和现在，而且可以通过总结它的过去和现在来推测未来。通过分析事物的发展规律，把握其未来的发展趋势和状况，这是人们进行预测活动的基本依据。人们对事物发展规律的掌握程度决定了预测的准确性。

（2）不确定性。因为电力负荷未来的发展是不确定的，它受到多种复杂因素的影响，而且各种影响因素也是发展变化的。人们对于这些发展变化有些能够预先估计，有些却很难预见到，加上一些临时变化的影响，因此就决定了预测结果的不确定性或不完全准确性。

（3）条件性。各种负荷预测都是在一定的条件下作出的，对于条件而言，又可分为必然条件和假设条件两种。如果负荷人员真正掌握了电力负荷的本质规律，那么预测条件就是必然条件，所做出的预测往往是比较可靠的。然而在很多情况下，由于负荷未来发展的不确定性，所以就需要一些假设条件。当给预测结果加以一定的前提条件，更有利于用电部门使用预测结果。

（4）时间性。各种负荷预测都在一定的时间尺度上进行，需要说明预测的时间，且预测对象在时间尺度上是连续的，预测必须通过过去和现在来预测未来。

（5）多方案性。由于负荷预测会产生一定的偏差，基于不同的条件及各种可能的发展情况，需要给出不同的负荷预测结果，制定不同的负荷预测方案。

负荷预测也需要按照一定的原则进行，这是保证科学进行预测的前提。为获得合理准确的预测结果，需要收集预测对象的历史数据，通过建立适当的数学模型来表达其变化规律。在收集数据的过程中，不同渠道获取的数据之间可能存在矛盾，需要进行分析并做出取舍。而对于历史数据中的异常数据则要做好排除工作，减少数据对预测结果产生的误差。负荷预测的方法及模型的建立需要按照以下基本原则：

（1）连续性。连续性是指预测对象的发展是一个连续的过程，其未来发展是这个过程的连续。电力系统的发展存在惯性，其过去的行为对现在及未来都有影响，这种惯性正是我们进行负荷预测的主要依据。

（2）相似性。客观世界中有一些事物发展之间存在相似之处，人们可以利用这种相似性进行预测。例如，在研究一个新兴地区的电力系统规划时，可以参考建成已久地区的电力系统发展经验。根据与预测对象相似的事物的发展状况进行分析，或是根据相似事物的历史发展状况进行分析，从而推断出预测对象的未来发展规律，用以预测活动。

（3）反馈性。准确的数据对于预测有着重要的作用，但是不能完全消除预测的偏差。预测偏差的大小即反映了预测模型和客观实际情况的偏离程度。预测的反馈性原理实际上是为了提高预测的准确性而进行的反馈调节，当预测结果和客观实际情况存在偏差的时候，可以利用这个偏差，对远期预测值进行反馈调节以提高预测的准确性。

（4）系统性。这个原理认为对象是一个完整的系统，它本身有内在的系统和外部的联系又形成它的外在系统，这些系统综合成一个完整的总系统，都要进行考虑。即预测对象的未来发展是系统整体的动态发展，而且整个系统的动态发展和它的各个组成部分和影响因素之间的相互作用和相互影响密切相关。系统性原理强调整体最佳才是高质量的预测。

3. 短期负荷预测与中长期负荷预测的异同

通常将超短期负荷预测与短期负荷预测合称为短期负荷预测，中期负荷预测与长期负荷预测合称为中长期负荷预测。短期负荷预测与中长期负荷预测的异同点如下：

（1）预测样本可用量不同，中长期负荷预测在预测模型的选择上有局限性。通常，电网规划中完整的负荷样本按时间尺度分布不均匀，一般不超过15年，大部分在10～15年，部分少于10年。整体上来看，用电负荷历史样本虽然不少，但是鉴于历史统计手段不足、统计误差问题以及经济社会变迁问题，预测可用样本数量也有限。

（2）预测影响因素不同。短期因素（如气温变化、降雨量情况、湿度情况等）对短期负荷影响较大，经济（如金融危机、产业结构调整、区域产业转移、高耗能产业发展、居民收入水平等）、政策（电价政策、补贴政策刺激等）等长期因素对中长期负荷变化影响较大。因此，在电力负荷预测中，应注重收集相关的数据资料，建立多变量的预测模型，提高模型预测精度。

（3）预测主要用途不同。短期或超短期负荷预测主要用于电力调度、瞬时平衡，对精确的点预测要求较高，中长期电力负荷预测主要用于宏观规划和中长期电力规划，对区间预测的需求更为迫切，电力规划的决策者们希望得到更多的辅助信息，提供区间预测结果，给出负荷预测值的上限和下限，更有助于辅助规划决策。

（4）电网规划和调度工作经验对不同时间尺度的准确的负荷预测都很重要。应坚持定性分析与定量预测的结合，从多年规划、调度运行工作中总结的专家经验是预测模型的有益补充，在系统建模时要更加注重主观定性分析与客观定量预测的有机结合，提高模型拟合和预测效果的稳定性。

3.2.2　负荷预测步骤

负荷预测可以按照如下步骤进行：

（1）确定预测目标及内容。要明确对预测对象所预测内容的要求及预测过程中需要考虑的问题，包括目标预测的时期、预测所需资料的类别、预测所需历史数据的数量、资料的来源与搜集方法、可用的预测方法、预测的工作周期、工程经济性等，确立合理的预测方案。

（2）收集历史资料。准确的数据对于提高预测结果的精度有着重要的作用，应按照预测方案的具体要求，收集相关的资料。为从全局分析预测目标，全面地挖掘预测目标的发展变化规律，需要尽可能全面、系统、连贯、准确地搜集历史资料。收集包括电力系统负荷历史数据和经济、季节变化、天气情况等影响负荷变化的因素的历史数据。从相关部门获取对应的历史数据，用于预测模型的建立，若有需要也可对影响负荷变化的因素进行预测。收集资料时需要满足直接有关性、可靠性、最新性。

（3）收集数据的处理。在收集到大量历史资料后，因资料来源的渠道不同，数据之间可能会有矛盾，需要进行符合实际情况的分析和整理，筛选所收集资料中的异常数据，对其做出取舍或修正。资料的准确性决定了预测的精度，为保证预测的质量，需要提前对收集的数据进行处理，确保收集的数据要满足资料完整、各类指标齐全、无异常数据。若有数据缺失，需要对其进行补缺，对于位于中间的数据采用相邻数据取平均值的方法，对于首末的数据可用趋势比例计算代替。

（4）选择预测方法和预测模型。根据所定预测内容与预测方案，结合工程实际中能获取的资料，选择适当的预测方法。通过对预测对象进行客观、合理的分析，结合历史数据的变化情况，选取合适的预测模型。若选择的预测模型造成预测误差过大，就需要重新选定模型，直到确定合适的预测模型，也可同时选用几种预测模型进行预测，互相比较、选择。

（5）模型参数辨识。预测模型一旦建立，即可根据实际数据求取模型的参数。

（6）检验、评价模型。根据假设检验原理，判断模型的适用程度，若不适合，即更换预测模型，重新进行步骤（4）和步骤（5）。

（7）应用模型进行预测。根据所确定的模型以及所求取的模型参数，对未来时段的行为作出预测。

（8）综合分析与评价预测的结果。选择多种预测模型进行上述的预测过程。然后对多种方法的预测结果进行比较和综合分析，判定各种方法的预测结果的优劣程度，并对多种方法的预测结果进行比较和综合分析，实现综合预测模型。可以根据预测人员的经验和常识判断，对结果进行适当修正，得到最终的预测结果。

负荷预测技术发展历程较长，以及形成了许多较为成熟的算法。这些算法不但能用于光伏功率预测也能用于负荷预测，具体算法见第 3.2.3 节。

3.2.3　负荷预测方法

随着预测技术的发展，出现了许多可以应用于预测领域的方法，其中常用于负荷预测领域的经典方法有单耗法、比例增长法、负荷密度法、弹性系数法。用于负荷预测领域新发展的预测技术如回归预测法、组合预测法、神经网络预测法、小波分析预测法等，于 3.1 节已经做过介绍，本节不再重复介绍。

1. 单耗法

单耗法常用于预测工业负荷。单耗法是通过获得某产品的单位生产用电量与该产品的产量，计算得到生产该产品的总用电量。从一片区域的用电情况来看，可以按照区域内的行业将产品分类，获得每个产品的单位生产用电量 b_i 与每个产品的产量 e_i，由此可以获得这个区域内的总工业负荷 E，计算公式如下

$$E = \sum_{i=1}^{n} b_i e_i \tag{3-42}$$

当单耗法用于预测时，设定未来某个时段的产品单位生产用电量与产品的产量会发生变化，先对这些值进行预测，再通过单耗法预测未来某个时段的总工业负荷，计算公式如下

$$\hat{E} = \sum_{i=1}^{n} \hat{b_i} \hat{e_i} \tag{3-43}$$

式中　$\hat{E}$——未来某个时段的预测总工业负荷；

　　　$\hat{b_i}$——未来某个时段的产品 i 的单位生产用电量；

　　　$\hat{e_i}$——未来某个时段的产品产量。

单耗法多用于近期预测。单耗法的工作量大，需要获取涉及的所有产品的相关信息，实际应用中很难对所有的产品做出合理且准确的调查工作。

2. 比例增长法

比例增长法默认未来的电力负荷增长比例与过去相同，通过对负荷的历史数据进行计算拟合，按照历史负荷增长比例对未来负荷进行预测。第 n 年至第 m 年（$n < m$）的负荷增长比例可以按照式（3-44）计算

$$K = m - n \sqrt{\frac{\sqrt{E_m}}{\sqrt{E_n}}} - 1 \tag{3-44}$$

由此预测第 l 年（$l > m$）的电力负荷 E_l 为

$$E_l = E_n (1 + K)^{l-n} \tag{3-45}$$

3. 负荷密度法

负荷密度法是通过获取区域内人口或土地面积的平均耗电量与该区域的人口或土地面积，通过计算获得。当负荷密度法用于预测时，需要先对未来某个时期区域内人口或土地

面积的平均耗电量、未来某个时期区域的人口或土地面积做出预测，再通过负荷密度法计算，计算公式如下

$$\hat{E} = \hat{s}\,\hat{g} \tag{3-46}$$

式中　$\hat{E}$——未来某个时段的预测负荷；

　　　$\hat{s}$——未来某个时期区域的人口（或土地面积）；

　　　$\hat{g}$——未来某个时期区域内人口（或土地面积）的平均耗电量。

4. 弹性系数法

设 x 为自变量，y 是 x 的可微函数，定义 y 对 x 的弹性系数为

$$\varepsilon_{yx} = \frac{\dfrac{\mathrm{d}y}{\mathrm{d}x}}{\dfrac{y}{x}} = \frac{\mathrm{d}\ln y}{\mathrm{d}\ln x} \tag{3-47}$$

式中　$\dfrac{\mathrm{d}y}{\mathrm{d}x}$——瞬时变化率或边际变化率；

　　　$\dfrac{y}{x}$——平均变化率，称瞬时变化率与平均变化率的比值为弹性系数 ε_{yx}；

　　　$\mathrm{d}\ln y$——y 的相对变化率；

　　　$\mathrm{d}\ln x$——x 的相对变化率，弹性系数也可以用 y 与 x 的相对变化率对比。

当 $\varepsilon_{yx} > 1$ 时，此刻 y 的变化率高于平均变化率；当 $\varepsilon_{yx} < 1$ 时，此刻 y 的变化率低于平均变化率。进一步推广，若将 x 表示商品的价格，y 表示商品的需求量，则有

$$\varepsilon_{yx}^{*} = -\frac{\dfrac{\mathrm{d}y}{\mathrm{d}x}}{\dfrac{y}{x}} \tag{3-48}$$

式（3-48）即为商品的需求价格弹性系数。已知商品的价格与商品的需求成负相关，为使求得的 ε_{yx}^{*} 始终为正值，在计算公式中添加了负号。当 $\varepsilon_{yx}^{*} > 1$ 时，商品的需求具有弹性，商品价格的微小变化会引起商品需求量的较大变化。当 $\varepsilon_{yx}^{*} < 1$ 时，商品的需求缺乏弹性，商品价格的微小变化不会引起商品需求量的较大变化。经营者在面对具有不同需求价格弹性系数的商品时，为获取利益应采用不同的销售策略。

电力系统中的电量也视为商品，也符合这一变化规律，将 y 定义为用电量，x 定义为国内生产总值，将用电量的相对变化率与国内生产总值的相对变化率作比即可得到电力需求弹性系数。对于弹性系数的应用，面对不同的情况需要选择不同的模型进行预测，下面给出几个具体模型用于未来某时期用电量增长百分比的预测。

（1）y 与 x 均取对数形式的模型。设模型为

$$\ln y = \beta_K \ln x_K + g(x_1, \cdots, x_m)(m = 1, 2, \cdots) \tag{3-49}$$

式中　　　　　β_K——常系数；

$g(x_1, \cdots, x_m)$ ——与 $x_1, \cdots, x_{K-1}, x_{K+1}, \cdots, x_m$ 相关的函数，与 x_K 无关的函数。

由于 $\dfrac{\partial y}{\partial x_K} = y \dfrac{\partial \ln y}{\partial x_K}$ 结合式（3-17），可得弹性系数

$$E_K = \frac{\dfrac{\partial y}{\partial x_K}}{\dfrac{y}{x_K}} = \frac{y\dfrac{\partial \ln y}{\partial x_K}}{\dfrac{y}{x_K}} = x_K \frac{\partial \ln y}{\partial x_K} = \beta_K \tag{3-50}$$

y 对 x_K 的弹性系数 E_K 恰为系数 β_K，如果弹性系数近乎常数，即可认为 y 与 x_K 适合该模型，式中的系数可以采用回归分析法评估。常以现在为基期求取未来某期 y 相对基数增长的百分比，设定未来的弹性系数 β_K 不变，x_K 的未来值为 x_K^*，y 的未来值为 y^*，其他自变量不变，则有

$$\ln y^* = \beta_K \ln x_K^* + g(x_1, \cdots, x_m) \tag{3-51}$$

减去式（3-17）得

$$\ln y^* - \ln y = \beta_K \ln x_K^* - \beta_K \ln x_K \tag{3-52}$$

$$\ln \frac{y^*}{y} = \beta_K \ln \frac{x_K^*}{x_K}, \quad \frac{y^*}{y} = \left(\frac{x_K^*}{x_K}\right)^{\beta_K} \tag{3-53}$$

y 在未来某个时期的增长百分比为

$$\frac{y^* - y}{y} = \frac{y^*}{y} - 1 = \left[\left(\frac{x_K^*}{x_K}\right)^{\beta_K} - 1\right] \times 100\% \tag{3-54}$$

（2）x_K 取对数形式的模型。设模型为

$$y = \beta_K \ln x_K + g(x_1, \cdots, x_m) \tag{3-55}$$

式中　　　　　β_K ——常系数；

$g(x_1, \cdots, x_m)$ ——与 $x_1, \cdots, x_{K-1}, x_{K+1}, \cdots, x_m$ 相关的函数，与 x_K 无关的函数。

弹性系数可以化简为

$$E_K = \frac{\dfrac{\partial y}{\partial x_K}}{\dfrac{y}{x_K}} = \frac{\dfrac{\beta_K}{x_K}}{\dfrac{y}{x_K}} = \frac{\beta_K}{y} \tag{3-56}$$

由此可知，E_K 与 y 成反比，比例系数为 β_K，这就是判断函数 y 是否适合这个模型的依据。设定 x_K 的未来值为 x_K^*，y 的未来值为 y^*，其他自变量不变，则有

$$y^* = \beta_K \ln x_K^* + g(x_1, \cdots, x_m) \tag{3-57}$$

减去式（3-25），可得 y 增长的百分比

$$\frac{y^* - y}{y} = \frac{\beta_K}{y} \ln \frac{x_K^*}{x_K} = \left(E_K \ln \frac{x_K^*}{x_K}\right) \times 100\% \tag{3-58}$$

（3）y 取对数形式，x_K 取倒数形式的模型。

设模型为

$$\ln y = \frac{\beta_K}{x_K} + g(x_1, \cdots, x_m) \tag{3-59}$$

式中　　　　　　β_K——常系数；

$g(x_1,\cdots,x_m)$——与 x_1，$\cdots$，x_{K-1}，x_{K+1}，$\cdots$，x_m 相关的函数，与 x_K 无关的函数。

弹性系数可化简为

$$E_K=\frac{\frac{\partial y}{\partial x_K}}{\frac{y}{x_K}}=\frac{y\frac{\partial \ln y}{\partial x_K}}{\frac{y}{x_K}}=x_K\frac{\partial \ln y}{\partial x_K}=x_K\left(-\frac{\beta_K}{x_K^2}\right)=-\frac{\beta_K}{x_K} \tag{3-60}$$

同理，设定 x_K 的未来值为 x_K^*，y 的未来值为 y^*，其他自变量不变，用未来值模型与现值模型相减，可得 y 增长的百分比。

$$\frac{y^*-y}{y}=\exp\left[E_K\left(1-\frac{x_K}{x_K^*}\right)\right]\times100\% \tag{3-61}$$

3.2.4　负荷预测算法实例

将原始数列 $\{x^{(0)}\}$ 定义为

$$x^{(0)}=[x^{(0)}(k)\mid k=1,2,\cdots,n]=[x^{(0)}(1),x^{(0)}(2),\cdots,x^{(0)}(n)] \tag{3-62}$$

要应用灰色预测法对负荷进行预测，首先要进行灰色生成环节，获取强化其规律性、削弱其随机性的新数列，利用新生成数例中的数据建模。灰色生成即将原始数列中的数据按照要求进行数据处理。负荷预测中常用到的灰色系统生成方式分为累加生成、累减生成、均值化生成、级比生成等，接下来分别介绍各生成方式处理办法。

累加生成即对原始数列进行如下操作：将原始数列的第一个数据作为新数列的第一个数据，原始数列的前两个数据之和作为新数列的第二个数据，原始数列的前三个数据之和作为新数列的第三个数据，以此类推，生成新的数列并称之为累加生成数列。

新生成的数列为

$$x^{(1)}=[x^{(1)}(k)\mid k=1,2,\cdots,n]=[x^{(1)}(1),x^{(1)}(2),\cdots,x^{(1)}(n)] \tag{3-63}$$

若原始数列 $\{x^{(0)}\}$ 与新生成的数列 $\{x^{(1)}\}$ 之间满足以下关系：

$$x^{(1)}(k)=\sum_{i=1}^{k}[x^{(0)}(i)] \tag{3-64}$$

称新生成数列 $\{x^{(1)}\}$ 为原始数列 $\{x^{(0)}\}$ 的一次累加生成数列，记为累加生成（accumulated generating operation，AGO）。同理可得二次累加生成数列：

$$x^{(2)}(k)=\sum_{i=1}^{k}[x^{(1)}(i)] \tag{3-65}$$

进而推广至 r 次累加生成数列：

$$x^{(r)}(k)=\sum_{i=1}^{k}[x^{(r-1)}(i)] \tag{3-66}$$

累减生成即对原始数列进行如下操作：将原始数列的第二个数据减去第一个数据作为新数列的第一个数据，第三个数据减去第二个数据作为新数列的第二个数据，以此类推，生成新的数列并称之为累减生成数列。累减生成为累加生成的逆运算，记为累减生成

（IAGO）。定义 $\{x^{(r)}\}$ 为 r 次生成数列，对 $\{x^{(r)}\}$ 作 r 次累减，记为 i—IAGO，表示为 $\alpha^{(i)}$，则原始数列与累减生成数列存在以下关系：

0 次累减生成，记为 0—IAGO，其算式为

$$\alpha^{(0)}\left[x^{(r)}(k)\right]=x^{(r)}(k) \tag{3-67}$$

1 次累减生成，记为 1—IAGO，其算式为

$$\alpha^{(1)}\left[x^{(r)}(k)\right]=\alpha^{(0)}\left[x^{(r)}(k)\right]-\alpha^{(0)}\left[x^{(r)}(k-1)\right] \tag{3-68}$$

进而推广至 i 次累减生成，记为 i—IAGO，其算式为

$$\alpha^{(i)}\left[x^{(r)}(k)\right]=\alpha^{(i-1)}\left[x^{(r)}(k)\right]-\alpha^{(i-1)}\left[x^{(r)}(k-1)\right]=x^{(r-i)}(k) \tag{3-69}$$

当 $r=i$ 时，算式为

$$\alpha^{(r)}\left[x^{(r)}(k)\right]=x^{(r-r)}(k)=x^{(0)}(k) \tag{3-70}$$

式（3-70）可以证明累减生成为累加生成的逆运算。将对 r—AGO 进行 r—IAGO 运算，得到原始数据 $r^{(0)}$ 的过程称为还原。

均值生成包含邻均值生成与非邻均值生成。邻均值生成即对于等时距的数列，用相邻数据的平均值构造新的数据，对于原始数列 $\{x^{(0)}\}$，有

$$x=\left[x(k) \mid k=1, 2, \cdots, n\right]=\left[x(1), x(2), \cdots, x(n)\right] \tag{3-71}$$

k 点的生成值为 $z(k)$，且有以下关系：

$$z(k)=0.5x(k)+0.5x(k-1) \tag{3-72}$$

该方法是利用空穴前后数据的等权生成，故也称为邻值等权生成。非邻均值生成即对于非等时距的数列，或是剔除异常值之后存在空穴的等时距数列，用两边的数据求平均值构造新的数据，对于原始数据 $\{x^{(0)}\}$

$$x=\left[x(1), x(2), \cdots, x(k-1), \phi(k), x(k+1), \cdots, x(n)\right] \tag{3-73}$$

$\phi(k)$ 为空穴，k 点的生成值为 $z(k)$，且有以下关系

$$z(k)=0.5x(k-1)+0.5x(k+1) \tag{3-74}$$

均值生成常用于补齐整理负荷预测中的历史数据不全情况。

级比生成包括级比与光滑比生成，级比生成常用于对数列端点值的生成。对于原始数据，有

$$x^{(0)}=\left[x^{(0)}(1), x^{(0)}(2), \cdots, x^{(0)}(n)\right] \tag{3-75}$$

$\{x^{(0)}\}$ 的级比为

$$\sigma(k)=\frac{x^{(0)}(k)}{x^{(0)}(k-1)} \tag{3-76}$$

$\{x^{(0)}\}$ 的光滑比为

$$\rho(k)=\frac{x^{(0)}(k)}{\sum_{m=1}^{k-1}x^{(0)}(m)} \tag{3-77}$$

在进行灰色生成之后，需要建立灰色模型进行负荷预测，接下来将介绍 GM（1，1）模型的建立，并以 GM（1，1）模型对某台区年售电量进行预测，分析预测的结果检验预

测的误差。GM（1，1）模型作为最常用的灰色模型，能有效作用于负荷预测，该模型由只包含单变量的一阶微分方程构成，建立模型只需一个数列 $x^{(0)}$。对于原始数据：

$$x^{(0)}=[x^{(0)}(1)，x^{(0)}(2)，\cdots，x^{(0)}(n)] \tag{3-78}$$

用 1—AGO 生成一阶累加生成序列：

$$x^{(1)}=[x^{(1)}(1)，x^{(1)}(2)，\cdots，x^{(1)}(n)] \tag{3-79}$$

$$x^{(1)}(k)=\sum_{i=1}^{k}x^{(0)}(i)(k=1，2，\cdots，n) \tag{3-80}$$

序列 $x^{(1)}$ (k) 具有指数增长规律，一阶微分方程的解为指数增长形式，可以认为 $x^{(1)}$ 序列满足下述一阶线性微分方程模型：

$$\frac{\mathrm{d}x^{(1)}}{\mathrm{d}t}+ax^{(1)}=u \tag{3-81}$$

a、u 未知，须先求出参数 a、u。根据导数定义，有

$$\frac{\mathrm{d}x^{(1)}}{\mathrm{d}t}=\lim_{\Delta t\to 0}\frac{x^{(1)}(t+\Delta t)-x^{(1)}(t)}{\Delta t} \tag{3-82}$$

以离散形式表示，微分项可写成：

$$\frac{\Delta x^{(1)}}{\Delta t}=\frac{x^{(1)}(k+1)-x^{(1)}(k)}{k+1-k}=x^{(1)}(k+1)-x^{(1)}(k)$$
$$=\alpha^{(1)}[x^{(1)}(k+1)]=x^{(0)}(k+1) \tag{3-83}$$

其中 $x^{(1)}$ 值只能取时刻 k 和 $k+1$ 的均值，即 $\frac{1}{2}$ $[x^{(1)}$ $(k+1)$ $+x^{(1)}$ (k) $]$。

式（3-83）可以改写为

$$\alpha^{(1)}[x^{(1)}(k+1)]+\frac{1}{2}a[x^{(1)}(k+1)+x^{(1)}(k)]=u \tag{3-84}$$

推导可得

$$k=1，x^{(0)}(2)+\frac{1}{2}a[x^{(1)}(1)+x^{(1)}(2)]=u$$

$$k=2，x^{(0)}(3)+\frac{1}{2}a[x^{(1)}(2)+x^{(1)}(3)]=u \tag{3-85}$$

$$\vdots$$

$$k=n-1，x^{(0)}(n)+\frac{1}{2}a[x^{(1)}(n)+x^{(1)}(n-1)]=u$$

将上述结果用矩阵形式表达，得

$$\begin{Bmatrix} x^{(0)}(2) \\ x^{(0)}(3) \\ \vdots \\ x^{(0)}(n) \end{Bmatrix}=\begin{Bmatrix} -\frac{1}{2}a[x^{(1)}(1)+x^{(1)}(2)] & 1 \\ -\frac{1}{2}a[x^{(1)}(2)+x^{(1)}(3)] & 1 \\ \vdots & \vdots \\ -\frac{1}{2}a[x^{(1)}(n)+x^{(1)}(n-1)] & 1 \end{Bmatrix}\begin{pmatrix} a \\ u \end{pmatrix} \tag{3-86}$$

记为 $\boldsymbol{Y}_n = \boldsymbol{BA}$，其中：

$$\boldsymbol{Y}_n = \begin{pmatrix} x^{(0)}(2) \\ x^{(0)}(3) \\ \vdots \\ x^{(0)}(n) \end{pmatrix}$$

$$\boldsymbol{B} = \begin{pmatrix} -\dfrac{1}{2}a\left[x^{(1)}(1) + x^{(1)}(2)\right] & 1 \\ -\dfrac{1}{2}a\left[x^{(1)}(2) + x^{(1)}(3)\right] & 1 \\ \vdots & \vdots \\ -\dfrac{1}{2}a\left[x^{(1)}(n) + x^{(1)}(n-1)\right] & 1 \end{pmatrix}$$

$$\boldsymbol{A} = \begin{pmatrix} a \\ u \end{pmatrix}$$

上述方程组中只有 a、u 为待求量，但方程个数有 $n-1$ 个，大于未知数个数，方程无解。应用最小二乘法求最小二乘近似解，方程组改写为 $\boldsymbol{Y}_n = \boldsymbol{BA} + E$，其中 E 为误差项。为满足

$$\min \| \boldsymbol{Y}_n - \boldsymbol{B\hat{A}} \|^2 = \min(\boldsymbol{Y}_n - \boldsymbol{B\hat{A}})^{\mathrm{T}}(\boldsymbol{Y}_n - \boldsymbol{B\hat{A}}) \tag{3-87}$$

利用矩阵求导公式

$$\boldsymbol{\hat{A}} = (\boldsymbol{B}^{\mathrm{T}}\boldsymbol{B})^{-1}\boldsymbol{B}^{\boldsymbol{T}}\boldsymbol{Y}_n = \begin{pmatrix} \hat{a} \\ \hat{u} \end{pmatrix} \tag{3-88}$$

将所求得 $\hat{a}$，$\hat{u}$ 代回原来的微分方程，得

$$\frac{\mathrm{d}x^{(1)}}{\mathrm{d}t} + \hat{a}x^{(1)} = \hat{u} \tag{3-89}$$

解方程可得

$$x^{(1)}(t+1) = \left[x^{(1)}(1) - \frac{\hat{u}}{\hat{a}}\right]\mathrm{e}^{-\hat{a}t} + \frac{\hat{u}}{\hat{a}} \tag{3-90}$$

因为 $x^{(1)}(1) = x^{(0)}(1)$，可将式（3-90）转换为离散形式。

$$x^{(1)}(k+1) = \left[x^{(0)}(1) - \frac{\hat{u}}{\hat{a}}\right]\mathrm{e}^{-\hat{a}k} + \frac{\hat{u}}{\hat{a}} \quad (k=0,\ 1,\ 2,\ \cdots) \tag{3-91}$$

式（3-91）为 GM（1，1）模型的时间响应函数模型，对此式做累减还原，得原始数列 $x^{(0)}$ 的灰色预测模型为

$$\hat{x}^{(0)}(k+1) = \hat{x}^{(1)}(k+1) - \hat{x}^{(1)}(k) = (1 - \mathrm{e}^{\hat{a}})\left(x^{(0)}(1) - \frac{\hat{u}}{\hat{a}}\right)\mathrm{e}^{-\hat{a}k} \quad (k=0,\ 1,\ 2,\ \cdots)$$

$$\tag{3-92}$$

本节以灰色预测法为例，详细介绍应用该算法进行预测的方法，并对某台区年售电量进行预测，分析预测的结果检验预测的误差。原始数列样本见表 3-2。

表 3-2				原　始　数　列　样　本				
年份编号	1	2	3	4	5	6	7	8
实际售电量 （亿 kWh）	1.517	1.609	1.674	1.806	1.876	2.121	2.268	2.51

首先，计算原始数列 $x^{(0)}$ 的累加生成值，对于原始数列

$$x^{(0)} = [x^{(0)}(1), x^{(0)}(2), x^{(0)}(3), x^{(0)}(4), x^{(0)}(5), x^{(0)}(6), x^{(0)}(7), x^{(0)}(8)]$$
$$= (1.517, 1.609, 1.674, 1.806, 1.876, 2.121, 2.268, 2.51)$$

$$(3-93)$$

则一阶累加生成数列为

$$x^{(1)}(1) = x^{(0)}(1) = 1.52$$
$$x^{(1)}(2) = x^{(1)}(1) + x^{(0)}(2) = 3.13$$
$$x^{(1)}(3) = x^{(1)}(2) + x^{(0)}(3) = 4.80$$
$$x^{(1)}(4) = x^{(1)}(3) + x^{(0)}(4) = 6.61$$
$$x^{(1)}(5) = x^{(1)}(4) + x^{(0)}(5) = 8.48$$
$$x^{(1)}(6) = x^{(1)}(5) + x^{(0)}(6) = 10.60$$
$$x^{(1)}(7) = x^{(1)}(6) + x^{(0)}(7) = 12.87$$
$$x^{(1)}(8) = x^{(1)}(7) + x^{(0)}(8) = 15.38$$

$$(3-94)$$

其次，计算数据矩阵 $\boldsymbol{B}$ 和数据向量 $\boldsymbol{Y}_n$，采用 GM（1，1）模型所对应的数据矩阵为

$$\boldsymbol{B} = \begin{pmatrix} -\frac{1}{2}a[x^{(1)}(1)+x^{(1)}(2)] & 1 \\ -\frac{1}{2}a[x^{(1)}(2)+x^{(1)}(3)] & 1 \\ \vdots & \vdots \\ -\frac{1}{2}a[x^{(1)}(n)+x^{(1)}(n-1)] & 1 \end{pmatrix} = \begin{pmatrix} -2.32 & 1 \\ -3.96 & 1 \\ -5.70 & 1 \\ -7.54 & 1 \\ -9.54 & 1 \\ -11.74 & 1 \\ -14.13 & 1 \end{pmatrix}$$

$$(3-95)$$

$$\boldsymbol{Y}_n = \begin{pmatrix} x^{(0)}(2) \\ x^{(0)}(3) \\ \vdots \\ x^{(0)}(n) \end{pmatrix} = \begin{pmatrix} 1.61 \\ 1.67 \\ 1.81 \\ 1.88 \\ 2.12 \\ 2.27 \\ 2.51 \end{pmatrix}$$

$$(3-96)$$

再计算 GM（1，1）微分方程的参数 $\hat{a}$ 和 $\hat{u}$。

$$\hat{A} = (B^{\mathrm{T}}B)^{-1}B^{\mathrm{T}}Y_n = \left[\begin{pmatrix} -2.32 & 1 \\ -3.96 & 1 \\ -5.70 & 1 \\ -7.54 & 1 \\ -9.54 & 1 \\ -11.74 & 1 \\ -14.13 & 1 \end{pmatrix}^{\mathrm{T}} \cdot \begin{pmatrix} -2.32 & 1 \\ -3.96 & 1 \\ -5.70 & 1 \\ -7.54 & 1 \\ -9.54 & 1 \\ -11.74 & 1 \\ -14.13 & 1 \end{pmatrix}\right]^{-1} \cdot \begin{pmatrix} -2.32 & 1 \\ -3.96 & 1 \\ -5.70 & 1 \\ -7.54 & 1 \\ -9.54 & 1 \\ -11.74 & 1 \\ -14.13 & 1 \end{pmatrix}^{\mathrm{T}} \cdot \begin{pmatrix} 1.61 \\ 1.67 \\ 1.81 \\ 1.88 \\ 2.12 \\ 2.27 \\ 2.51 \end{pmatrix}$$

$$= \begin{pmatrix} -0.0773 \\ 1.3745 \end{pmatrix}$$

$$(3-97)$$

进一步地，建立灰色预测模型，得到累加数列 $x^{(1)}$ 的灰色预测模型为

$$\hat{x}^{(1)}(k+1) = \left(x^{(0)}(1) - \frac{\hat{u}}{\hat{a}}\right)\mathrm{e}^{-\hat{a}k} + \frac{\hat{u}}{\hat{a}} \quad (k=0,\ 1,\ 2,\ \cdots) \qquad (3-98)$$

代入所求得的参数 $\hat{a}$ 和 $\hat{u}$：

$$\hat{x}^{(1)}(k+1) = 19.2899\mathrm{e}^{0.0773k} - 17.7729 \qquad (3-99)$$

原始数列的灰色预测模型为

$$\hat{x}^{(0)}(k+1) = 19.2899(1 - \mathrm{e}^{-0.0773})\mathrm{e}^{0.0773k} \qquad (3-100)$$

$\hat{x}^{(0)}(k)$ 和 $\hat{x}^{(1)}(k)$ 的模型值见表 3-3。

表 3-3 　　　　　　　　　　　$\hat{x}^{(0)}(k)$ 和 $\hat{x}^{(1)}(k)$ 的模型值

k	1	2	3	4	5	6	7	8
$\hat{x}^{(1)}(k)$	1.517	3.067	4.742	6.552	8.506	10.618	12.900	15.365
$\hat{x}^{(0)}(k)$	1.435	1.550	1.675	1.809	1.955	2.112	2.282	2.465

对模型采用后验差检验法，进行模型精度的检验。经计算得残差平均值：

$$\bar{\varepsilon} = \frac{1}{n}\sum_{k=1}^{n}\varepsilon(k) = \frac{1}{n}\sum_{k=1}^{n}\left[x^{(0)}(k) - \hat{x}^{(0)}(k)\right] = 0.007 \qquad (3-101)$$

历史数据平均值：

$$\bar{x} = \frac{1}{n}\sum_{k=1}^{n}x^{(0)}(k) = 1.910 \qquad (3-102)$$

历史数据方差：

$$s_1^2 = \frac{1}{n}\sum_{k=1}^{n}\left[x^{(0)}(k) - \bar{x}\right]^2 = 0.114 \qquad (3-103)$$

残差方差：

$$s_2^2 = \frac{1}{n}\sum_{k=1}^{n}\left[\varepsilon(k) - \bar{\varepsilon}\right]^2 = 0.008 \qquad (3-104)$$

后验差比值：

$$C = \frac{s_2}{s_1} = 0.262 < 0.35 \qquad (3-105)$$

小误差概率：

$$P = P\{\mid \varepsilon(k) - \bar{\varepsilon}\mid < 0.6745 \times s_1\} = 1 > 0.95 \qquad (3-106)$$

$P > 0.95$ 且 $C < 0.35$，该模型的精度为一级，模型可以用于负荷预测。关于判定预测模型等级指标见表 3-4。

表 3-4　　　　　　　　　关于判定预测模型等级指标

预测精度等级	P	C
一级	>0.95	<0.35
二级	>0.8	0.35≤C<0.5
三级	>0.7	0.5≤C<0.65
四级	≥0.7	≥0.65

应用该灰色预测模型，对第 9～第 12 年的售电量进行预测并分析结果，见表 3-5。

表 3-5　　　　　　　　　第 9～第 12 年的售电量预测及分析结果

年份编号	9	10	11	12
实际售电量（亿 kWh）	2.663	2.877	3.108	3.358
预测售电量（亿 kWh）	2.718	2.912	3.226	3.311
相对误差（%）	2.059	1.209	3.782	−1.407
精度（%）	97.941	98.791	96.218	98.593

由表 3-5 数据可以得知，灰色预测模型对于台区年售电量进行预测具有很高的精度。

第 4 章

配电网分布式光伏承载力评估分析

由于配电网的光伏承载能力与用户用电可靠性和安全性紧密相连，因此通过对光伏承载能力进行评估可以找到配电管理系统的薄弱点，防止大范围停电事故的发生，包括制定事故应急预案和合理的调度决策等。传统配电网建设较为薄弱、电能质量问题突出，当高渗透率光伏电源接入时可能对其安全稳定运行造成严重危害，更需要对其光伏承载能力进行评估。本节从电能质量、安全稳定运行、检修运维、供电能力及分布式光伏并网特性的角度建立含分布式光伏配电网的光伏承载能力评估指标体系。在此基础上，研究了配电网光伏承载能力评估方法，涵盖了明确权重的方法及综合评估的方式。在权重确定方法上，首先运用层析分析法进行单个专家指标确定，先把所构造的配电网光伏承载能力综合评估指标体系进行分层，再求取判断矩阵和进行一致性校验，从而得出每一个专家的单独权重；其次提出改进的灰色关联分析方法进行评价指标的组合权重设定，计算专家群体经验判断数值的关联度，进而求出本文进行组合评价所用的权重系数组合权重。在综合评价方法上，重点阐述了模糊综合评价方法的主要思想，之后具体描述了适合配电网光伏承载能力评估的基于模糊数学理论的综合评估流程。

4.1 台区光伏承载力评估指标体系

分布式光伏接入通常会抬高线路末端的电压，其波动性还会对配电网的电能质量产生影响。大规模的分布式光伏接入也为配电网的安全、稳定运行带来了潜在的风险，对于配电线路的检修运维工作带来了一定的隐患。要得到客观合理的配电网光伏承载能力综合评价结果，从而进行选址定容方案的选择、制定事故应急预案和调度决策等，指标体系建立得科学与否十分关键。传统的配电网光伏承载能力静态评估主要从电能质量和负载率安全性两个方面分析，但仅考虑电压越限和系统过载安全，无法将当前配电系统的多样性和复杂性进行动态呈现。为了评估和分析不同分布式光伏接入方案下对配电网光伏承载能力的影响，通过对分布式光伏功率的间歇性和随机性的足够考虑及对配电网特点的分析，从电能质量、安全稳定运行、检修运维、供电能力和分布式光伏并网特性五个不同方面建立含分布式光伏配电网的光伏承载能力评估指标体系。

4.1.1　电能质量

分布式光伏发电系统的波动性、不确定性与频繁投切会造成并网时产生显著的电压波动；若负荷容量不足、光伏渗透率超过系统的承受度或者光伏出力过高时，会导致功率逆向反流和电压越限。因此，综合评估指标体系中包含电能质量指标是保证配电网安全平稳运行和供电质量良好的关键环节。

1. 电压偏差

配电系统中的线路与变压器都存在阻抗。当电流流经阻抗时，会因为阻抗产生电压降，导致线路首末端电压不一致。当线路中传输的功率发生变化时，电流也随之变化，从而对线路首末端的电压差值也产生了影响。下面通过公式推导说明功率变化对电压偏差的影响，进而解释光伏接入对电压偏差的影响，配电线路等效电路及相应的相量图如图 4-1 所示。

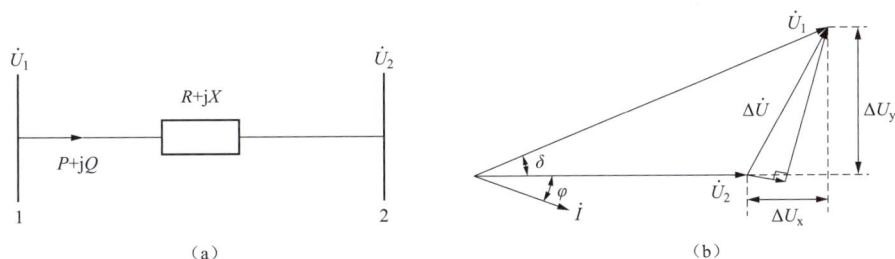

图 4-1　配电线路等效电路及相应相量图
(a) 配电线路等效电路图；(b) 相量图

线路上的视在功率为

$$\widetilde{S} = P + jQ = \dot{U}_2 I^* \tag{4-1}$$

线路首末两端的电压降为

$$\Delta \dot{U} = \dot{U}_1 - \dot{U}_2 = \dot{I} \times (R + jX) \tag{4-2}$$

整合式（4-1）、式（4-2）得

$$\Delta \dot{U} = \frac{PR + QX}{U_2} + j\frac{PX - QR}{U_2} \tag{4-3}$$

电压降的纵分量为 ΔU_x、横分量为 ΔU_y。通常情况下，横分量对末端电压的影响很小，且首末电压相角变化不大，因此可以忽略横分量对电压降的影响。进一步的公式转化为

$$\Delta U = \frac{PR + QX}{U_2} \tag{4-4}$$

在 110kV 及以下的配电线路中，电阻 R 与电抗 X 相差不大，由式（5-4）可以得知，线路中的有功功率 P 和无功功率 Q 对于配电线路的电压降都有影响。现在导入电压偏差的概念：供电系统在正常运行条件下，某一节点的实际电压与系统额定电压之差相对于系统

额定电压的比值称为该节点的电压偏差，可以通过式（4-5）计算。

$$\delta U = \frac{U - U_N}{U_N} \times 100\% \qquad (4-5)$$

式中　　δU——电压偏差；

　　　　U——实际电压；

　　　　U_N——额定电压。

继续以图4-1为例，分析分布式光伏接入对电压偏差的影响。分布式光伏接入配电线路，当未调用无功功率参与线路电能质量优化时，主要向线路输送有功功率。第3.1节已经介绍过光伏的出力特性，知道光伏的有功功率输出受到环境因素的影响。设定母线1处为额定电压。当光伏出力不大时，线路中输送的有功功率$P > 0W$，即母线2从母线1吸收有功功率，且此时$PR + QX > 0$，则有$\Delta U > 0V$。也就是说母线2的电压小于额定电压值，此时有负的电压偏差。当光伏出力较大时，线路中输送的有功功率$P < 0W$，即母线2向母线1输送有功功率，且此时$PR + QX < 0$，则有$\Delta U < 0V$。也就是说母线2的电压大于额定电压值，此时有正的电压偏差。

由上分析可知，分布式光伏接入之后，随着有功功率输出的提升，接入点的电压也会随着抬升。当输出的有功功率足够大时，会发生电压越限的情况。因此随着分布式光伏接入配电网中的节点不同，配电网中的电压分布情况也会变化。光伏有功出力较大时，配电网电压分布如图4-2～图4-5所示。

图4-2　分布式光伏接入位置

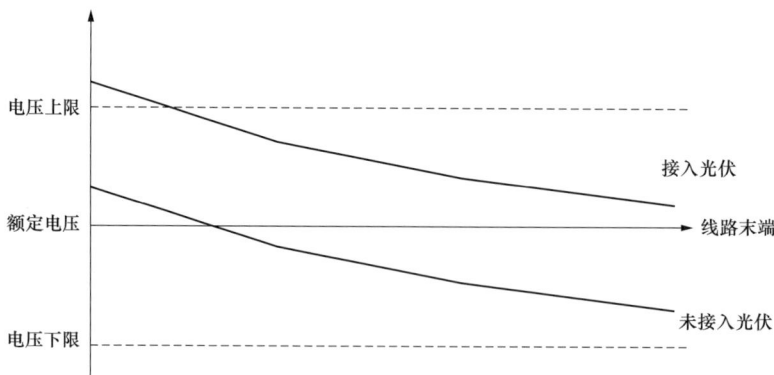

图4-3　分布式光伏1接入时对电压偏差的影响

不同渗透率的分布式光伏接入，对于配电网节点电压的影响不同。受到光伏波动性出力的影响，光伏接入点电压变化明显。随着渗透率的升高，节点电压变化幅度越大，当处于光伏出力大且用电负荷小的时段时，电压升高尤为显著。

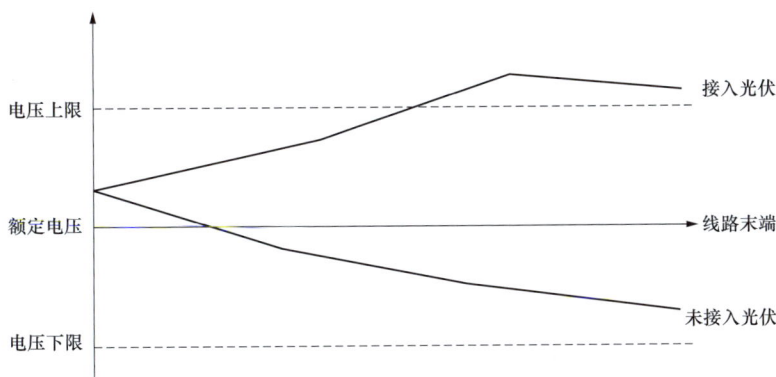

图 4-4　分布式光伏 2 接入时对电压偏差的影响

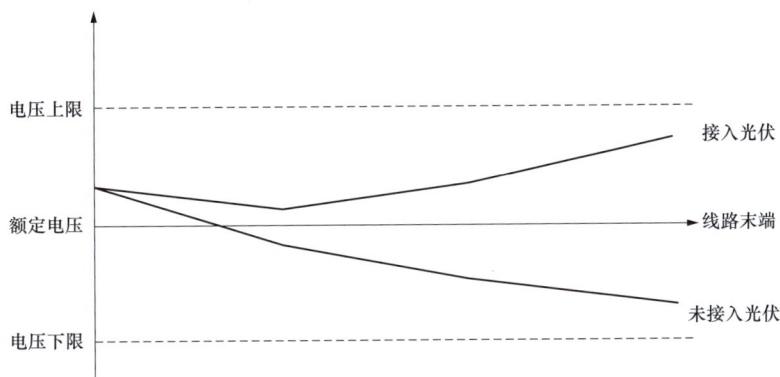

图 4-5　分布式光伏 3 接入时对电压偏差的影响

本节所示配电网电压偏差分布为一般情况，用来说明原理并不普遍适用。具体工程中的电压偏差分布情况受光伏容量影响，以工程实际为准。电力系统运行过程中，电压偏差无法完全消除，为减小电压偏差对系统运行的运行。需要对电压偏差做出限制，对超出限制的电压偏差进行修正。根据 GB/T 12325—2008《电能质量　供电电压偏差》规定：

（1）35kV 及以上供电电压正、负偏差绝对值之和不超过标称电压的 10%。

注：如供电电压上下偏差同号（均为正或负）时，按较大的偏差绝对值作为衡量依据。

（2）20kV 及以下三相供电电压偏差为标称电压的 ±7%。

（3）220V 单相供电电压偏差为标称电压的 -10%～+7%。

（4）对供电点短路容量较小，供电距离较长以及对供电电压偏差有特殊要求的用户，由供、用电双方协议确定。

2. 电压波动

分布式光伏的出力具有波动性，接入配电网后会引起电压波动。分布式光伏机组的启停及因天气原因导致的功率大幅度波动，都会带来功率的变化从而导致电压波动。电压波动定义为电压均方根值，即有效值的一系列相对快速变动或连续改变的现象，其变化周期大于工频周期。电压波动常用相对电压变动量描述，依照国家电能质量标准中对电压的波动性的定义，均方根值电压的变化速率不低于 0.2%/s。相对电压波动量可用式（4-6）计算。

$$d = \frac{U_{\max} - U_{\min}}{U_N} \times 100\%$$
(4-6)

分布式光伏接入导致系统电压波动的产生原因主要有以下两点原因：从输出端来说，由于光伏电池的输出特性存在端电压值，因此目前多数分布式光伏的控制方法为最大功率追踪控制，以实时调整太阳能电池运行在最大功率点附近，这会导致光伏出力会随着光照强度、温度等不可控自然因素发生改变时而产生波动；从用户端来说，户主具有分布式光伏的调度权，当出现设备损坏或为追求经济利益时，可能会将光伏突然切掉。I_{pv} 随光伏出力发生急剧波动时会产生一个 ΔI_{pv} 的变化，所以接入点之前各支路都会随之发生电压波动，离光伏接入点越远受到影响的电压波动越小，电压变化最大的光伏并网点电压波动也最大，接入点后的电压变化和电压波动和光伏接入点相接近。由上述分析可以看出，在接入位置的选择上分布式光伏的接入点离线路末端越近，馈线整体电压波动受其出力波动的影响就越严重。

配电线路中的电压波动对用户的影响众多，影响人们的生产生活，甚至造成危害。

（1）电压波动会造成直接与交流电源相连的电动机的转速不稳定，电动机时而加速时而减速会直接影响工业产品质量，严重时甚至危及电动机和其他生产设备本身的安全。例如，对于造纸业、丝织业和精加工机床制品等行业，如果在生产运行时发生电压波动甚至会使产品报废等。

（2）导致以电压相位角为控制指令的系统控制功能紊乱，致使电力电子换流器换相失败等。

（3）电压快速变动（尤其是变动频率为 10Hz 左右的电压闪变）引起照明光源的闪烁，会使人眼感到疲劳甚至难以忍受而产生烦躁情绪，以致降低人们的生活质量或者工作效率等。

（4）对某些对电压波动较敏感的工艺过程或试验结果产生不良影响。例如，使光电比色仪工作不正常，使化验结果出差错。

（5）导致电子仪器和设备、计算机系统、自动控制生产线及办公自动化设备等工作不正常，或受到损坏。

（6）使得电视机画面亮度频繁变化及垂直和水平幅度摇动。

任何一个波动负荷用户在电力系统公共连接点产生的电压变动，其限值和电压变动频率、电压等级有关。为减少电压波动对系统运行的影响，对其做出限制。根据 GB/T 12326—2008《电能质量 电压波动和闪变》规定，各级电网电压波动限值见表4-1。

3. 三相不平衡

电力系统在运行时所发生的三相不平衡，可以分为供电环节的三相不平衡与用电环节的三相不平衡。供电环节的三相不平衡主要来自供电线路的三相不平衡，当三相导线呈水平或垂直排列时，三相阻抗不相等，导致线路产生不平衡。用电环节的三相不平衡主要来自线路中的负荷不对称。分布式光伏接入配电网对三相不平衡的影响主要有：

表 4 - 1　　　　　　　　　　　　各级电网电压波动限值

r（次/h）	d（%）	
	LV、MV	HV
r≤1	4	3
1＜r≤10	3 ˣ	2.5*
10＜r≤100	2	1.5
100＜r≤1000	1.25	1

注　1. 很少的变动频度（每日少于 1 次），电压变动限值 d 还可以放宽，但不在本文中规定。

　　2. 对于随机性不规则的电压波动，如电弧炉负荷引起的电压波动，表中标有"＊"的值为其限值。

　　3. 参照 GB/T 156—2017《标准电压》，系统标称电压 U 等级按以下划分：

　　　　低压（LV）：$U_N ≤ 1kV$；

　　　　中压（MV）：$1kV < U_N ≤ 35kV$；

　　　　高压（HV）：$35kV < U_N ≤ 220kV$。

　　对于 220kV 以上超高压（EHV）系统的电压波动限值可参照高压（HV）系统执行。

（1）分布式光伏若发生不对称故障会导致三相线路不平衡，从而引发供电环节三相不平衡。

（2）220V 台区中的分布式光伏多为单相接入，若没有做好接入规划，可能导致负荷不对称，从而引发用电环节的三相不对称。

电力系统中产生的三相不平衡可以用三相不平衡度来评估，借助对称分量法将三相系统中的参数分解为正序分量、负序分量和零序分量。三相不平衡度即定义为电力系统运行时，参数的负序分量均方根值与正序分量均方根值之比，用符号 ε 表示。

$$\varepsilon_U = \frac{U_2}{U_1} \times 100\% \qquad (4-7)$$

$$\varepsilon_I = \frac{I_2}{I_1} \times 100\% \qquad (4-8)$$

式中　ε_U、ε_I——三相电压不平衡度和三相电流不平衡度；

　　　U_2、U_1——电压正序、负序分量均方根值；

　　　I_2、I_1——电流正序、负序分量均方根值。

上述公式所需参数过多、计算烦琐，工程中用式（4-9）来估算用电环节所产生的三相不平衡，适用于距离发电厂及大型电机电气较远的公共连接点处三相不平衡度的计算。

$$\varepsilon_U = \frac{\sqrt{3}\, I_2 U_L}{10 S_d} \times 100\% \qquad (4-9)$$

式中　I_2——负荷电流的负序分量；

　　　U_L——公共连接点的线电压均方根值；

　　　S_d——公共连接点的三相短路容量。

为了减少三相不平衡对系统的影响，需对其做出限制。根据 GB/T 15543—2008《电能质量　三相电压不平衡》规定，电力系统公共连接点电压不平衡度限值为：

（1）电网正常运行时，负序电压不平衡度不超过 2%，短时不得超过 4%。

（2）低压系统零序电压限值暂不作规定，但各相电压必须满足 GB/T 12325—2008《电能质量　供电电压偏差》的要求。

注 1：本文中不平衡度为在电力系统正常运行的最小方式（或较小方式）下，最大的生产（运行）周期中负荷所引起的电压不平衡度的实测值。

注 2：低压系统是指标称电压不大于 1kV 的供电系统。

（3）接于公共连接点的每个用户引起该点负序电压不平衡度允许值一般为 1.3%，短时不超过 2.6%。根据连接点的负荷状况及邻近发电机、继电保护和自动装置安全运行要求，该允许值可做适当变动，但必须满足（1）的规定。

4. 谐波污染

谐波即为对一个周期电气量进行傅里叶级数分解得到的正弦波分量，其频率为基波频率的整倍数。以我国为例，电力系统的工业频率为 50Hz，即基波频率为 50Hz，二次谐波频率为 100Hz，三次谐波频率为 150Hz。将分解出的不是基波整数倍频率的分量，称为分数谐波或间谐波。频率低于工频的间谐波称为次谐波。

畸变的周期性电压和电流可以分解为式（4-10）和式（4-112）所示傅里叶级数。

$$u(t) = \sum_{h=1}^{M} \sqrt{2} U_h \sin(h\omega_1 t + \alpha_h) \tag{4-10}$$

$$i(t) = \sum_{h=1}^{M} \sqrt{2} I_h \sin(h\omega_1 t + \beta_h) \tag{4-11}$$

式中　ω_1——工频的角频率；

　　　h——谐波次数；

U_h、I_h——第 h 次谐波电压和电流的均方根值；

α_h、β_h——第 h 次谐波电压和电流的初相角；

　　　M——所考虑谐波最高次数，通常取 $M \leqslant 50$。

分布式光伏接入配电网对谐波问题的影响，主要可以从以下三个方面展开：

（1）分布式光伏通过逆变器等电力电子设备将输出的直流电转化为工频交流电，接入电网。这些电力电子设备是通过频繁开关来实现功能的，其输入输出关系具有明显的非线性特性，且频繁的开关会产生一系列的谐波分量，造成谐波污染。

（2）电力电子换流器在平衡状态下工作时产生的特定次数的谐波电流分量，称为特征谐波电流，除此之外的分量称为非特征谐波电流。因为分布式光伏接入所导致三相不平衡度的增加，会使非特征谐波电流也加大。

（3）当分布式光伏并网换流器输出的电流中含有直流分量时，会在变压器等包含铁芯的设备中造成直流偏磁现象，此时变压器绕组电流的畸变会相当严重，产生大量的谐波。

为了减少谐波污染对系统的影响，需对其做出限制。根据 GB/T 14549—1993《电能质量　公用电网谐波》和 GB/T 24337—2009《电能质量　公用电网谐波》规定，谐波电压、谐波电流及间谐波电压的限制如下：

1）谐波电压限制，见表 4-2。

表 4-2 公用电网谐波电压（相电压）限值

电网标称电压（kV）	电压总谐波畸变率（%）	各次谐波电压含有率（%）	
		奇次	偶次
0.38	5.0	4.0	2.0
6	4.0	3.2	1.6
10			
35	3.0	3.1	1.2
66			
110	2.0	1.6	0.8

2）谐波电流限制，见表 4-3。

表 4-3 注入公共连接点的谐波电流允许值

标准电压（kV）	基准短路容量（MVA）	谐波次数及谐波电流允许值（A）											
		2	3	4	5	6	7	8	9	10	11	12	13
0.38	10	78	62	39	62	26	44	19	21	16	28	13	24
6	100	43	34	21	34	14	21	11	11	8.5	16	7.1	13
10	100	26	20	13	20	8.5	15	6.4	6.8	5.1	9.3	4.3	7.9
36	250	15	12	7.7	12	5.1	8.8	3.8	4.1	3.1	5.6	2.6	4.7
66	500	16	13	8.1	13	5.4	9.3	4.1	4.3	3.3	5.9	2.7	5.0
110	750	12	9.6	6.0	9.6	4.0	6.8	3.0	3.2	2.4	4.3	2.0	3.7

标准电压（kV）	基准短路容量（MVA）	谐波次数及谐波电流允许值（A）											
		14	15	16	17	18	19	20	21	22	23	24	25
0.38	10	11	12	9.7	18	8.6	16	7.8	8.9	7.1	14	6.5	12
6	100	6.1	6.8	5.3	10	4.7	9.0	4.3	4.9	3.9	7.4	3.6	6.8
10	100	3.7	4.1	3.2	6.0	2.8	5.4	2.6	2.9	2.3	4.5	2.1	4.1
36	250	2.2	2.5	1.9	3.6	1.7	3.2	1.5	1.8	1.4	2.7	1.3	2.5
66	500	2.3	2.6	2.0	3.8	1.8	3.4	1.6	1.9	1.5	2.8	1.4	2.6
110	750	1.7	1.9	1.5	2.8	1.3	2.5	1.2	1.4	1.1	2.1	1.0	1.9

注 220kV 基准短路容量取 2000MVA。

公共连接点的全部用户向该店注入的谐波电流分量（方均根值）不应超过表 4-3 中规定的允许值，当公共连接点处的最小短路容量不同于基准短路容量时，表中的谐波电流允许值应按式（4-12）换算。

$$I_h = \frac{S_{d1}}{S_{d2}} I_{hp} \qquad (4-12)$$

式中 S_{d1}——公共连接点的最小短路容量；

S_{d2}——基准短路容量；

I_{hp}——表 4-3 中第 h 次谐波电流允许值；

I_h——短路容量为 S_{k1} 时的第 h 次的谐波电流允许值。

3）谐波电流限制。

a. 220kV 及以下电力系统公共连接点各次间谐波电压含油量不应大于表 4-4 限值。

表 4-4 间谐波电压含有率限值 （%）

电压等级	频率（Hz）	
	<100	100～800
1000V 及以下	0.2	0.5
1000V 以上	0.16	0.4

b. 连接于公共连接点的单个用户引起的各次间谐波电压含有率一般不得超过表 4-5 限值。根据连接点的负荷状况，此限值可以做适当变动，但必须满足 a 中的规定。

表 4-5 单一用户谐波电压含有率限值 （%）

电压等级	频率（Hz）	
	<100	100～800
1000V 及以下	0.16	0.4
1000V 以上	0.13	0.32

4.1.2 安全稳定运行

配电网系统的安全稳定运行是评估光伏接入的重要因素。其中稳定指的是在光伏接入配电网，系统受到扰动后，可以凭借配电网对控制设备的调用及本身的特性，达到稳定运行的状态。配电网的稳定运行是保证其安全运行的前提。根据《电力系统安全稳定导则》规定我国电力系统承受大扰动能力的标准分为三级：

第一级标准：面对普通故障时，保持稳定运行和电网的正常供电。

第二级标准：面对概率较低的严重的故障，保持稳定运行，但允许损失部分负荷。

第三级标准：面对罕见的严重复杂故障，当系统不能保持稳定运行时，必须防止系统崩溃并尽量减少负荷损失。

对应于三级标准的措施，称为保证系统安全稳定运行的三道防线。第一道防线指由继电保护转置快速动作切除故障，确保在切除常见的单一故障后系统能够继续稳定运行。第二道防线旨在面对概率较低的单一严重故障或多重故障，凭借稳定控制装置和切机、切负荷等措施解决切除故障后系统可能存在的暂态稳定、设备过载或电压稳定问题，维持系统的安全稳定运行。第三道防线指在面对罕见的严重复杂故障时，系统可能会出现电压、频率不稳定状态或系统失去同步，此时调用失步解列、频率及电压紧急控制装置，使电网重新实现功率平衡，防止事故扩大、系统崩溃及大面积停电。分布式光伏的大规模接入对于电力系统安全稳定运行的影响主要在两个方面：

1. 继电保护

分布式光伏接入配电网后，配电网结构由原单侧放射状链式结构变为多电源互联的复杂结构，因此潮流不再单纯是从电源侧单向流向负载，而是会受到分布式光伏接入位置及容量的影响而发生改变，具体来看如果分布式光伏接入的配电网节点负荷量整体大于其输出量时，分布式光伏就近向负荷提供电能，系统提供的能量可以减少，从而使系统的损耗降低。如果分布式光伏的容量大于系统负荷，分布式光伏将向系统端输送电能，这反而会增加配电网的功率的损失。

系统潮流的单向流动性是传统配电网保护的主要依据，且大多数故障为瞬时故障，通常将保护装置设在线路单侧，故障发生后可对线路进行重合闸操作。线路的保护通过各线路间三段式保护及重合闸装置的相互协调来实现。当分布式光伏并入配电网后，可能需要对原有的继电保护设置进行重新整定，在不改变原有保护设置的情况下，分布式光伏的准入容量很小。

由于分布式电源并入配电网的容量及位置等关系，对于同一点故障，当分布式光伏位于线路的故障点上游时，其所在线路下游保护检测到的故障电流增大，而上游继保检测到的短路电流有所减小，这将导致分布式光伏所在线路的下游继电保护的保护范围增大，而上游的后备保护范围减小，可能使其丧失选择性。当分布式光伏处于故障的下游或者是其他相邻的馈线位置时，它将向上游提供反向的短路电流，这就可能会使其所在线路的主保护误动作。无分布式光伏接入时，断路器因故障断开后，故障点的电弧有充分的时间熄灭，从而保证成功重合闸，但是并入分布式电源（DG）以后，其可能会在故障后持续向故障点输送故障电流，导致重合失败。分布式光伏接入对各类保护的影响将在第 7 章详细介绍。

2. 失步解列

失步解列作为电力系统安全稳定运行的最后一道防线。考虑分布式光伏的失步解列在光伏并网系统产生故障时，检测到分布式电源与系统电源之间因频率差而导致的失步状态，进而在公共连接点实现解列，将不同转速的电源分割在不同的孤岛中，使得各个电力孤岛能独立运行，防止事故扩大、系统崩溃及大面积停电。随着分布式光伏的广泛接入，传统的失步解列也逐渐失去其有效性。含分布式光伏电网的失步解列与传统电网的失步解列具有以下区别：

（1）失步特点不同。当接入的分布式光伏按照恒定功率运行时，其频率会追随电网特性。当电网频率发生变化时，锁相环调节的滞后性可能导致一定时间内光伏与电网之间产生频率差而导致失步，控制环节的调节作用，使得失步速度较慢，很难形成完整的失步振荡穿越。

（2）失步后的控制措施不同。传统电网产生失步解列时，在采取措施恢复额定频率之前，先要区分发电机发生的是正方向还是反方向。当光伏失步后，需要转换控制策略至恒压恒频运行，只需要对失步的光伏进行解列，不用区分失步的方向。

（3）解列的位置不同。传统电网通常选择功率平衡点或是薄弱连接线解列，光伏并网系统的失步解列装置通常安装于公共连接点处。

（4）解列的作用不同。传统电网解列是为了防止事故扩大、系统崩溃及大面积停电。光伏的容量相对于电网很小，系统频率受光伏投切的影响很小，解列的目的是满足微电网内负荷需求。

4.1.3　检修运维

大量的分布式光伏接入，使得传统的中压配电网由辐射式的单端网络变成了多源互联的多段网络，网络中的潮流不再是单纯地从母线流向用户，也出现了以分布式光伏供电的孤岛运行方式，给电力检修人员的现场安全作业等工作带来隐患。GB/T 33593—2017《分布式电源并网技术要求》对孤岛的定义为：包含负荷和电源的部分电网，从主网脱离后继续孤立运行的状态。光伏发电并网系统是由多个光伏并网逆变器并联组成，通过跟踪电网电压、频率及相位等电气量并网运行，其运行和输出特性由逆变器决定。在电网失电，台区负荷由分布式光伏系统作为独立电源供电的工况下，分布式光伏进入孤岛运行，如图 4-6 所示，给电网设备检修带来安全隐患。

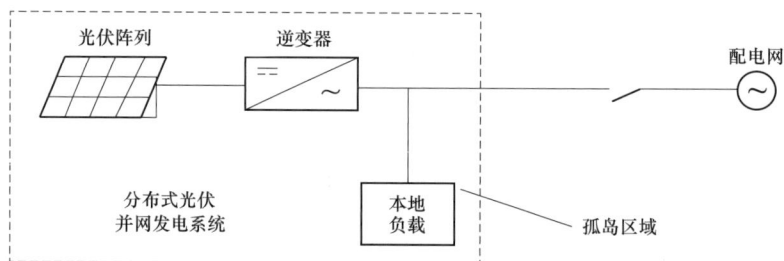

图 4-6　分布式光伏发电系统的孤岛效应示意图

接入配电网台区的分布式光伏典型接入形式主要有接入配电变压器低压母线端、接入 380V 配电分支箱和接入 220V/380V 用户配电箱三种，以下分别分析三种接入形式下可能发生孤岛效应的区域。

1. 接入配电变压器低压母线端

分布式光伏接入配电变压器低压母线端的典型接线形式如图 4-7 所示。此类分布式光伏发电一般经专线接入配电变压器低压侧，属统购统销模式，如断开公共连接点断路器时，分布式光伏不具备发生孤岛效应的条件，但该分布式光伏发电系统有可能与配电变压器低压母线侧的其他负荷之间形成孤岛。

当此类分布式光伏发电内部无负荷时，电力检修人员在检修用户进线开关以上的相关线路时，只要拉开配电变压器低压总开关，即可保证现场作业的安全，无须在分布式光伏发电送出线路的电网侧采取相关防孤岛保护措施。

当电力检修人员在检修配电变压器低压变压器时，分布式光伏发电有可能与配电变压器低压母线侧的其他负荷之间形成孤岛，应在配电变压器低压侧母线上采取防孤岛保护措施，以确保电力检修人员的现场作业安全。

2. 接入 380V 配电分支箱

分布式光伏接入 380V 配电分支箱的典型接线形式如图 4-8 所示。此类分布式光伏发电经专线 T 接入 380V 配电分支箱，在电网失电后，可能与分支箱的其他用电负荷形成供用电的功率匹配，引起孤岛效应的发生。

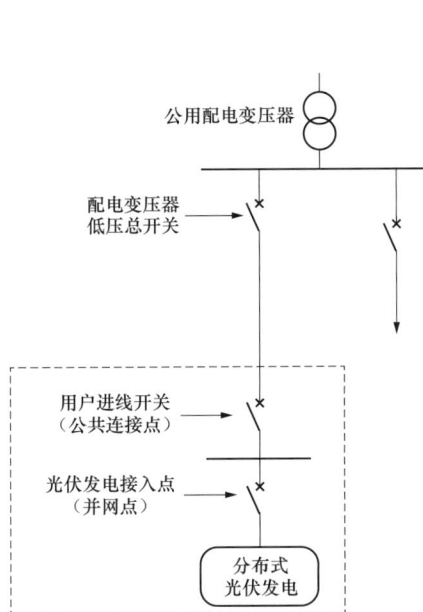

图 4-7　分布式光伏接入配电变压器低压母线端的典型接线形式

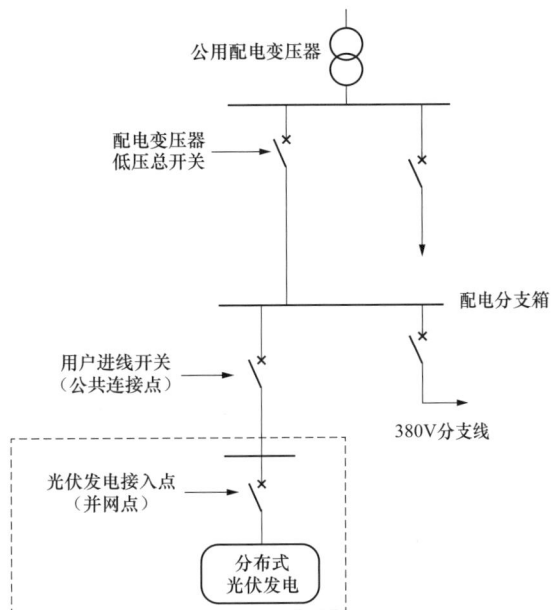

图 4-8　分布式光伏接入 380V 配电分支箱的典型接线形式

接入此类分布式光伏发电的配电网，电力检修人员在检修用户进线开关以上的相关线路时，分布式光伏发电与 380V 分支负荷有可能发生孤岛效应，应在分布式光伏发电送出线路的电网侧及 380V 配电分支箱采取防孤岛保护措施，以确保电力检修人员的现场作业安全。

3. 接入 220V/380V 用户配电箱

分布式光伏接入 220V/380V 用户配电箱的典型接线形式如图 4-9 所示。此类分布式光伏发电直接接入用户内部的 220V/380V 配电箱上，属用户侧并网模式，分布式光伏发电出力就近消耗，在电网失电时，可能与用户内部负荷或其他支路的 220V/380V 用电负荷产生孤岛效应。

接入此类分布式光伏发电的配电网，电力

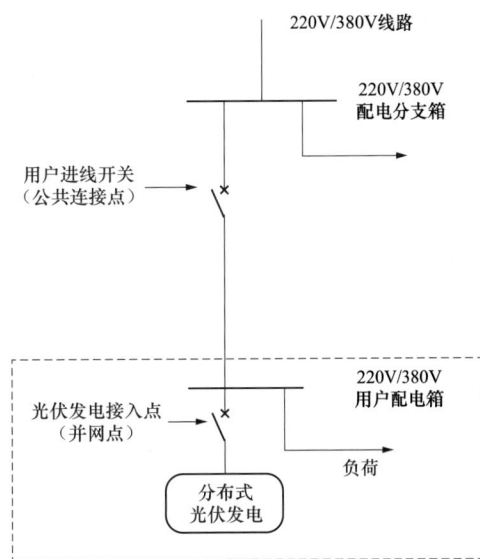

图 4-9　分布式光伏接入 220V/380V 用户配电箱的典型接线形式

检修人员在检修用户进线开关以上的相关线路时，分布式光伏发电与用户内部负荷或其他负荷有可能发生孤岛效应，应在分布式光伏发电用户配电箱的电网侧采取防孤岛保护措施，以确保电力检修人员的现场作业安全。

从整体上来看，分布式光伏接入对检修运维的影响可以分为以下三个方面：

（1）中压配电网从传统的通过中压配电线路和配电变压器向用户提供电能的电网变成了含分布式光伏的有源配电网，具有接线复杂、供电面广、容量大、T接点多、电源点多、交叉跨越多等特点。这些特点决定了含分布式光伏的中压配电网在检修、抢修过程中需要落实的安全措施繁多而复杂，作业风险较大。

（2）"十四五"我国可再生能源发展面临新形势、新要求，正处于大有可为的战略机遇期。未来我国经济将长期向好，能源需求在相当长一段时期内仍将保持持续增长，在我国碳减排约束条件下，大力发展可再生能源已成为加快构建清洁低碳、安全高效能源体系，立足国内多元供应保安全，逐步实现能源独立。随着可再生能源的占比提升，分布式光伏的装机容量需求也随之提高，导致配电网每年停电计划增加。在停电检修高峰期，存在同一项停电计划在同一条线路上多个施工队多点作业的现象，因此作业风险密集度高。

（3）目前大部分配电网还未实现配电网自动化，配电网中设备智能化程度偏低，检修停复电时间长。随着配电网运维检修工作量的增大、分布式光伏接入导致的运行复杂性提升，导致运维检修工作量激增且安全隐患提高。

4.1.4　供电能力

将供电能力指标纳入光伏承载能力指标体系，便于确定配电网相对薄弱的区域和满足更多的符合变动需求，有助于指导配电网系统的合理规划和提升其持续供电能。

1. 主变压器最大负载率

主变压器最大负载率指标可以反映线路上一电压等级的变压器在光伏电站接入后是否存在过负荷情况，规划设计方案是否满足负载率需求。最大负载率就是上一电压等级主变压器的最大负载率，其计算要考虑可能出现过载最严重的情况，以不考虑上网方式的光伏电站接入为例，一是要发电最小，即假设光伏电站不再出力；二是要负荷最大，即将该地区的最大负荷和光伏电站自供电的最大负荷相加。光伏电站接的并网方式和电量消纳方式影响着主变压器最大负载率的计算值。

主变压器最大负载率＝（用户自身最大负荷＋上级变电站最大负荷）/上级变电站主变压器容量×100％。

主变压器最大负载率标准值为100％，计算值若超过100％则视为不合格。

2. 接入系统线路最大负载率

线路最大负载率指标可以反映线路在光伏电站接入后是否存在过载情况，规划设计方案是否满足负载率需求。线路最大负载率就是系统馈线的最大负载率，其计算要考虑可能出现过载最严重的情况，以不考虑上网方式的光伏电站接入为例，一是要发电最小，即假设光伏电站不再出力；二是要负荷最大，即将该地区的最大负荷和光伏电站自供电的最大负荷相加。光伏电站的并网方式、发电量、供电地区负荷的电量消纳方式影响着线路最大负载率的计算值。

线路最大负载率＝max［（光伏电站装机容量－用户自身最大负荷），用户自身最大负荷］/接入系统线路额定容量×100％。

接入系统线路最大负载率标准值为 100％，计算值若超过 100％则视为不合格。

4.1.5　分布式光伏并网特性

分布式光伏并网特性可以根据分布式光伏静态渗透率、分布式光伏出力波动性、分布式光伏自然消纳率、分布式光伏出力与负荷归一形态匹配率来评价。

1. 分布式光伏静态渗透率

$$\lambda_{jt} = \frac{P_{res}^{max}}{P_{L}^{max}} \times 100\%$$ (4-13)

式中　P_{res}^{max}——接入线路光伏发电最大功率；

P_{L}^{max}——配电网负荷最大功率。

分布式光伏静态渗透率反映配电网系统内光伏装机容量的饱和程度，体现区域配电网的光伏装机容量极大值。

2. 分布式光伏出力波动性

$$\lambda_{Fres} = \frac{\sqrt{\dfrac{\sum_{i=1}^{n}\{P_{res}[(i+1)] \times \Delta T - P_{res}(i \times \Delta T)\}^2}{n}}}{P_{res}}$$ (4-14)

式中　ΔT——基准时间间隔；

i——该时刻对应的基准时间间隔数；

n——全天总间隔数；

P_{res}——分布式光伏的额定容量；

$P_{res}(i \times \Delta T)$——分布式能源前一时刻的实际出力；

$P_{res}[(i+1)] \times \Delta T$——分布式能源后一时刻的实际出力。

分布式光伏出力波动性指标越大说明分布式光伏并网引起的不确定性越大，分布式光伏输出功率的波动性越大。

3. 分布式光伏自然消纳率

$$\lambda_{xn} = \frac{\sum P_{L}(t)}{\sum P_{res}(t)} \times 100\%$$ (4-15)

式中　$\sum P_{res}(t)$——接入配电网的光伏的实际出力总和；

$\sum P_{L}(t)$——配电网实际负荷值。

当分布式光伏的自然消纳率小于 1 时则说明分布式光伏的出力不能被当地配电网的负

荷完全消纳。

4. 布式光伏出力与负荷归一形态匹配率

$$\lambda_{pp}=\frac{\int_{t_1}^{t_2}\min\left[\dfrac{P_{res}(t)}{P_{res}^{max}},\dfrac{P_L(t)}{P_L^{max}}\right]dt}{\int_{t_1}^{t_2}\dfrac{P_{res}(t)}{P_{res}^{max}}dt} \qquad (4-16)$$

分布式光伏出力与负荷归一形态匹配率指标表示在某时间段内，负荷的运行功率归一化曲线和光伏出力归一化曲线重叠面积，与光伏出力归一化曲线面积的比值。其值越大，则光伏出力和负荷消耗的匹配率越好。

4.2 台区光伏承载力指标分析

台区承载力是指在设备持续不过载和短路电流、电压偏差、谐波不超标条件下，电网接纳电源、负荷的最大容量。在大规模的分布式光伏接入配电网后，配电网潮流走向改变、出力间歇性及不确定性增加，可能造成局部配电网发生电压偏差、设备负载、短路电流、电压波动、损耗等指标越限问题。为保证电力系统的安全稳定运行，需要对台区承载力指标进行量化分析，用以测算光伏最大可接入容量及可视化定位配电网薄弱环节。台区分布式光伏的承载力评估可以按照以下思路展开：

（1）通过搭建配电网仿真模型，以配电网安全运行为约束，进行台区分布式光伏承载力评估，计算出台区分布式光伏的最大准入容量。国内的调度系统已有大量的历史数据积累，可以从中调取电网模型及运行情况等相关数据，根据已有历史数据进行台区光伏承载力评估具有可行性。

（2）大规模分布式光伏的无序接入可能会导致配电网中的设备过载、电压越限、电能质量不佳、保护失效等问题。台区光伏承载力评估首先要在保证电网的安全稳定运行下，对电网中的设备及电路展开热稳定性评估。对于配电网中的设备过载、电压越限、电能质量不佳、保护失效等问题，可以通过相关措施缓解，但其中对于设备的改造或新增会增加资金投入。因此，应在电网改造之前进行热稳定性评估。

（3）分布式光伏以多点分散的模式接入配电网，接入点的拓扑结构随运行方式的变化而变化，各接入点的光伏承载力也不尽相同。接入点的光伏承载力不但受热稳定性、短路电流水平、电压偏差、谐波质量等指标的影响，同时也不得高于上级电压母线的测算结构。总的来说，台区光伏的承载力评估基于台区拓扑，从高压到低压逐级展开。

（4）随着配电网的不断发展完善，配电网的负荷需求、网架结构等也在不断更新，也带来了台区光伏承载力的变化。为解决承载力变化带来的影响，需要定期对台区承载力进行更新，对于承载力较弱或是网架结构变动较快的台区，应按实际情况适时展开承载力评估。

根据 DL/T 2041—2019《分布式电源接入电网承载力评估导则》，台区承载力指标评估包括热稳定评估、短路电流校核、电压偏差校核、谐波校核，相关承载力指标分析标准如下。

4.2.1　热稳定评估

热稳定性是指电器在指定的电路中，在一定时间内能承受短路电流（或规定的等值电流）的热作用而不发生热损坏的能力。随着大量分布式光伏接入配电网，在负荷低且太阳辐照出射度高的情况下，分布式光伏出力大于线路负荷，将会发生潮流倒送，此时线路中的输变电设备接近热稳定极限。适当容量的分布式光伏在适当情况下接入配电网，可以减小网损、降低负载率，但是现阶段的分布式光伏安装时的选址定容皆由用户决定，缺乏全局统筹的考虑。并且传统配电网并未对现有大规模分布式光伏接入情况做出预案，并不能很好地解决因光伏出力过高导致的倒送问题。目前，我国局部地区配电网分布式光伏渗透率较高，在负荷水平低且太阳能辐照度强的情况下，分布式光伏出力高于用电负荷，上级变压器和线路会出现反向潮流，少数 220kV 变压器在节假日，由于分布式光伏反送电，加之下级 110kV 接入的集中式新能源大发，其反向载流量已接近变压器的热稳极限。此外，传统配电网的设计并未考虑分布式光伏大规模接入的情景，其作为大型基础设施，从规划到投产的周期比分布式光伏项目长得多，短期内无法通过新建或扩容来解决问题。因此，需要对热稳定指标进行评估：

（1）热稳定评估应以电网输变电设备热稳定不越限为原则。

（2）热稳定评估应根据电网运行方式、输变电设备限值、负荷情况、发电情况、分布式电源出力特性等因素计算反向负载率 λ。

（3）评估对象应包括变压器（配电变压器超容）和线路（电流越限）。

（4）反向负载率应按式（4-17）计算。

$$\lambda = \frac{P_D - P_L}{S_e} \times 100\% \tag{4-17}$$

式中　P_D——分布式电源出力；

　　　P_L——同时刻等效用电负荷，即负荷减去除分布式电源以外的其他电源出力；

　　　S_e——变压器或线路实际运行限值。

（5）热稳定评估应采用评估周期内反向负载率 λ 的最大值 λ_{max} 作为评估指标。评估周期内法定节假日等引起电网负荷波动的特殊时期的 λ 可不考虑。

（6）评估区域内可新增分布式电源容量应按式（4-18）计算：

$$P_m = (1 - \lambda_{max}) \times S_e \times k_r \tag{4-18}$$

式中　k_r——设备运行裕度系数，一般取 0.8。

4.2.2　电能质量校核

1. 短路电流校核

电力系统在运行中相与相之间或相与地之间发生短路时流过的电流称为短路电流。电力系统中发生的短路可以分为三相短路、两相短路、单相接地短路和两相接地短路。在中性点接地的电力网络中，以一相对地的短路故障最多，约占全部故障的90%。在中性点非直接接地的电力网络中，短路故障主要是各种相间短路。电力系统发生短路时，危害可以归纳成以下三点：①当线路发生短路时，可能会产生上万甚至十几万安的短路电流，在流经线路和设备时，会产生大量的热量。使得元器件融化，损坏设备甚至会引发严重的火灾。②短路发生时，会使得系统的电压下降，越靠近故障点受影响越大。电压下降可能会影响用户的电气设备正常使用。③干扰、抑制及破坏系统的稳定运行，增大线路网损，影响线路上用户的通信与通信。

分布式光伏的接入使得短路电流的大小发生变化，因此要对短路电流进行校核，校核标准如下：

（1）短路电流校核应以接入分布式电源后系统各母线节点短路电流不超过相应断路器开断电流限值为原则。

（2）校核对象应包括评估范围内短路电流有可能流经的所有设备。

（3）应根据评估范围内系统最大运行方式下短路电流现状和待校核分布式电源容量，以 GB/T 15544（所有部分）《三相交流系统短路电流计算》、DL/T 5729《配电网规划设计技术导则》为依据计算系统母线短路电流。

（4）短路电流应按式（4-19）校核。

$$I_{xz} < I_m \tag{4-19}$$

式中　I_{xz}——系统母线短路电流；

　　　I_m——允许的短路电流限值，应选取与母线连接的所有设备和馈出线上相应断路器开断电流限值的最小值。

2. 谐波校核

分布式光伏通过逆变器接入配电网，逆变器的频繁开关会产生与开关频率相近的谐波分量，对配电网造成谐波污染。分布式光伏接入的数量提升，配电网中的谐波源数量也随之提升，数量众多的谐波源互相叠加使得谐波污染的程度加深，谐波污染治理的难度加大。分布式光伏接入容量及接入位置都会对谐波造成影响。接入容量越大、接入位置越靠近配电网末端则对谐波的影响越大。光伏设备的选址定容皆由用户决定，所以需要对分布式光伏接入后的谐波进行校核，校核标准如下：

（1）谐波校核应以系统中分布式电源接入电网节点谐波电流值、间谐波电压含有率不越限为原则。

（2）校核对象应包括分布式电源提供的谐波电流和间谐波电压有可能影响的所有节点。

（3）谐波电流应按式（4-20）校核。

$$I_{xz,h} > I_h \tag{4-20}$$

式中　$I_{xz,h}$——第 h 次谐波电流值；

　　　I_h——GB/T 14549—1993《电能质量　公用电网谐波》中的第 h 次谐波电流限值。

（4）校核节点的各次间谐波电压含有率不应超过 GB/T 24337—2009《电能质量　公

用电网谐波》规定限值。

4.2.3　电压偏差校核

如第 4.1 节介绍分布式光伏接入对电压偏差的影响,当分布式光伏出力高于接入节点的负荷时,会发生功率倒送,向配电网输送功率,此时不但会影响设备及线路的热稳定性也会导致各节点的电压抬升。除此之外,当分布式光伏以恒定功率因数模式运行时,随着太阳辐照出射度的提升,光伏有功功率及无功功率出力都会升高,此时有功功率及无功功率都会导致节点电压抬升。一般来说,分布式光伏的接入容量越大,接入点越靠近配电网末端,引起的电压偏差就越大。当电压偏差过大超过配电网调节范围时,会影响配电网供电的安全经济运行,严重时可能导致电源脱网。为保障配电网的安全可靠运行,需要对光伏接入后的电压偏差进行校核,校核标准如下:

(1) 电压偏差校核应以无功功率就地平衡和分布式电源接入后电网电压不越限为原则。

(2) 校核对象应包括 35~220kV 变电站的 10~220kV 电压等级母线。

(3) 应根据评估周期内电网最高和最低运行电压,结合 GB/T 12325—2008《电能质量　供电电压偏差》给出的电压限值分别计算评估区域的最大正电压偏差、负电压偏差,分别表示为 ΔU_H 和 ΔU_L。

(4) 应根据待校核分布式电源容量和 GB/T 33593—2017《分布式电源并网技术要求》要求,按式(4-21)计算出新增分布式电源接入后导致该区域的最大正、负电压偏差,分别表示为 δU_H 和 δU_L。

$$\delta U(\%) = \frac{R_L P_{max} + X_L Q_{max}}{U_N^2} \qquad (4-21)$$

式中　Q_{max}——依据 GB/T 33593—2017《分布式电源并网技术要求》对不同类型分布式电源的并网点功率因数的要求数值计算出的最大无功正、负值;

U_N——该区域内母线的额定电压;

R_L、X_L——电网阻抗的电阻、电抗分量,在高压电网中可忽略电网电阻分量。

(5) 电压偏差应按式(4-22)校核。

$$\Delta U_H > \delta U_H \text{ 且 } \Delta U_L < \delta U_L \qquad (4-22)$$

4.2.4　继电保护校核

传统配电网通常采用不带方向的三段式电流保护作为线路的主保护。分布式光伏接入配电网后,会导致故障电流的大小和方向发生改变,进而导致传统配电网的电流保护发生误动或拒动,影响保护的选择性、灵敏性和范围。尽管在配电网发生短路故障时,分布式光伏贡献的短路电流不大,但是局部高密度接入的分布式光伏对短路电流的影响不能忽略不计,应在短路电流计算和保护参数整定时予以考虑。此外,可以采用自适应保护或纵联差动保护等技术解决以上问题,但改造成本高、经济性差,现阶段配电网的主流保护方式不会发生大的变化,只能通过动态整定来避免问题。因此,分布式光伏应以保护不失效为限进行规划和建设。光伏接入后的配电网保护配置将于第 7 章详细介绍，本节不再赘述。分布式光伏承载力需要同时满足设备线路热稳定、电能质量超标、电压偏差越限及保护失效四个维度。

4.2.5 电网承载力等级划分

对于电网承载力等级做出划分，电网承载力评估等级应根据计算分析结果，分区分层确定。评估等级由低到高可分为绿色、黄色、红色。确定评估等级时，应局部服从总体，下一级电网评估等级低于上一级电网时，评估等级应以上一级电网为准。评估区域短路电流、电压偏差或谐波校核不通过，其相应的评估等级应为红色。评估区域因分布式电源导致向 220kV 及以上电网反送电，该区域评估等级应为红色。评估等级划分应符合表 4-6 的规定。

表 4-6 评 估 等 级 划 分

评估等级	依据	含义	建议
绿色	反向负载率：λ≤0；且短路电流、电压偏差、谐波含量校核通过	可完全就地消纳，电网无反送潮流	推荐分布式电源接入
黄色	反向负载率：0＜λ≤80%；且短路电流、电压偏差、谐波含量校核通过	电网反送潮流不超过设备限额的 80%	对于确需接入的项目，应开展专项分析
红色	反向负载率：λ＞80%，短路电流、电压偏差、谐波含量校核不通过或因分布式电源导致向 220kV 及以上电网反送电	电网反送潮流超过设备限额的 80%，或电网运行安全存在风险	在电网承载力未得到有效改善前，暂停新增分布式电源项目接入

4.3 台区光伏承载力评估方法

对于配电网台区的分布式光伏承载力问题可以视为一个以分布式光伏接入容量最大为目标，考虑多种运行约束条件的非线性优化问题，可以运用不同的优化算法求解。目前，该类问题一般采用智能优化算法、随机模拟法和解析法等求解。

（1）智能优化算法建模相对简单，易于理解、求得全局最优解较为便利，但同时也存在计算时间长等问题。智能优化算法已经广泛应用于承载力计算中，包括神经网络算法、遗传算法、模拟退火算法、粒子群算法、组合赋权评价法等。

（2）随机模拟法以一定的频率对连续变化的分布式光伏运行状况进行数据采集，从而形成一系列离散的分布式光伏运行状况，再根据统计学原理形成若干个表示分布式光伏运行状况的场景集，根据这些场景集确定配电网的承载力。随机模拟法可以全面、直观地反映配电网的承载能力，但也存在计算量大，计算时间长等问题，且这种离散化的采样方法具有一定的局限性。

（3）解析法可以视为求解最优潮流问题，其本质为求解非线性优化问题。解析法的计算速度快且结果精准，但建模复杂仅适用于特定场景。方法包括内点法、牛顿法、简化梯度法等。

4.3.1　组合评价法

基于组合赋权和模糊综合评价理论，运用基于层次分析法和改进的灰色关联分析方法的综合赋权方法明确指标权重，运用模糊综合评价方法实行综合评估检测，构建模糊隶属函数和模糊评价矩阵，通过模糊算法对模糊评价矩阵和权重结果进行计算，并进行规范化处理，得到对配电网光伏承载能力的组合评价法。

1. 组合赋权流程

指标权重是一种相对性的概念，在进行综合评价时，体现的不仅是某一指标所占整个体系的百分比，更能反映评价者的意图、看重程度、观念及各个指标之间的相对重要性和对系统的贡献度，是影响最终评价结果的关键环节，从某种程度上来说甚至影响程度比指标的评分标准更大，因此需要综合运用各种方法科学根据指标的重要性灵活设置权重。同时，为避免评价结果产生截然不同的改变，造成评价结果的混乱，指标的权重也要保持一定的稳定性，因为同一评估层次各个指标的权重加和为 1 固定不变，如果某一指标所占权重上升，会导致其他指标权重整体下降。

通过分析构建的配电网光伏承载能力综合评估指标体系的特点，并对比不同指标赋权方法的优缺点，采取主观赋权和客观赋权相结合的两步指标权重设定法，如图 4-10 所示。

第一步，运用层析分析法进行单个专家指标确定，先把所构造的配电网光伏承载能力综合评估指标体系进行分层，再求取判断矩阵和进行一致性校验，从而得出多位个专家的权重判断值；第二步，提出改进的灰色关联分析方法进行评价指标的组合权重设定，计算专家群体经验判断数值的关联度，进而求出本文进行组合评价所用的权重系数组合权重 B。下面分别就两个权重方案的确定方法和流程进行详细介绍。

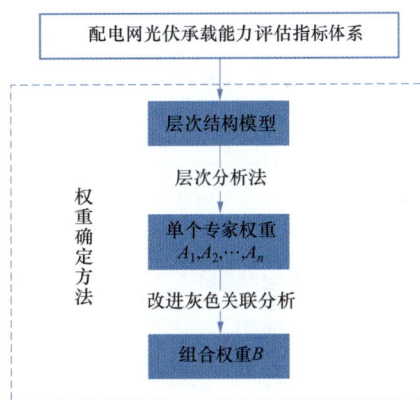

图 4-10　组合赋权流程图

2. 单个专家权重确定

为对多目标问题进行决策分析，在 20 世纪 70 年代初美国匹兹堡大学 T.L Saaty 教授提出了层次分析法（AHP），该方法将定量与定性分析相结合，可以将经验判断和定性变量客观化，能够简单明了、灵活实用地让定性问题更加客观。

层次分析法的主要思路为：首先要将多目标、多准则的决策问题看为最高层、中间层和最底层三个层次多个因素共同作用的结果，即根据被决策变量的特点、优先级和关联性等构造层次化的结构模型，从上而下依次为目标层、准则层、指标层；其次将低层次变量相对于高一层次的优劣情况进行排序，即通过标度法等将同一层次的变量两两比较的经验判断结果量化，从而构造判断矩阵，再应用特征向量法、最小二乘法、几何平均和算术平均等对判断矩阵进行排序，可以得到该层次各个变量相对于上一层次对应指标的优劣情况排序，再以此类推逐层计算，最终得到第一层次各变量相对于上一层次各变量的相对重要性。层次分析法被广泛应用于经济、环保、军事等各个领域，具有以下优点：

（1）决策方法具有客观性和系统性。层次分析法将整体研究对象划分为层次结构模型，可以得出不同层次的每个因素对目标层的影响度，且当前经过国内外专家学者的研究和应用已经建立了规范的分析流程，具有实际的工程实用意义，和数字化、系统化的应用方式。

（2）分析方法简洁实用。层次分析法将复杂的多目标、多准则决策问题分解为简单易对比判断的问题，把整个决策过程和定性因素定量化；层次分析法不依赖于大量的样本数据值，而是通过评价者依据经验对各个因素的相对重要性水平进行判断，避免因指标体系中部分指标为定性的或者获取数据的难度较大则权重值无法计算情况的发生，当定性因素较多或者获取数据困难时实用性较强，计算过程简单易懂，结果清晰明确。

采取 AHP 来进行单个专家指标权重确定。运用层次分析法的赋权流程如图 4-11 所示。

首先，明确对配电网的安全性评估目标，设立评估层次，对每个层次的影响因素进行分析，形成分层指标体系。运用层次分析法进行分析的首要步骤和基础是建立准确合理的层次结构模型，这需要理清各个指标间的层次结构和内在逻辑，充分了解评估目标和研究对象的相对重要性。所建立的层系结构模型一般来说包括三个层次，最上面一层为目标层，是问题的最终达成目标和研究对象的规划方案；中间一层为准则层，这一层囊括了最终目的达到的所有影响因素，要根据因素的具体特点和关联性进行分类；最低一层为指标层，准则层囊括了对应指标层中的每个因素，准则层被指标层简化解释和细化为各因素相互作用的结果。

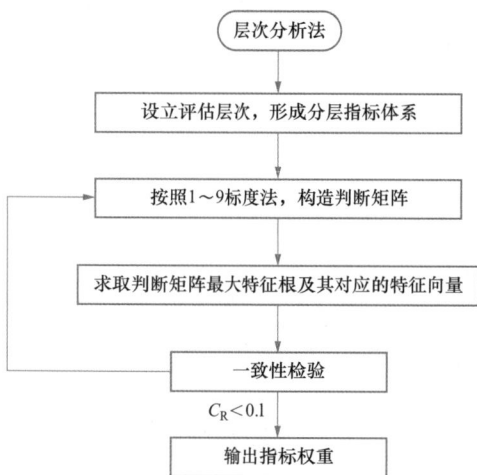

图 4-11　层次分析法流程图

其次，对同一层次的各因素关于上一层中某一因素的重要性进行两两比较，构造判断矩阵 A。

$$A = \begin{bmatrix} a_{11} & a_{12} & \cdots & a_{1n} \\ a_{21} & a_{22} & \cdots & a_{2n} \\ \vdots & \vdots & & \vdots \\ a_{n1} & a_{n2} & \cdots & a_{nn} \end{bmatrix} \tag{4-23}$$

层次分析法的核心是构造判断矩阵，首先将问题层次化处理，然后从上到下进行重要性比较，通过下层指标两两比较确定判断矩阵元素，即针对上层指标而言本层各指标的贡献度。

为了使各因素之间两两比较得到量化的判断矩阵，引入 1～9 标度法。1～9 标度的含义见表 4-7。其中 a_{ij} 表示 a_i 相对于 a_j 的重要程度，当 $a_{ij}=1$ 时，表示 a_i 与 a_j 同等重要；当 $i \neq j$ 时，$a_{ij}=1/a_{ji}$。

表 4-7　　　　　　　　　　　　　　标　度　含　义

标度	含义
1	两个指标相比，有相同的重要性
2	重要程度介于 1～3 之间
3	两个指标相比，前者比后者稍微重要
4	重要程度介于 3～5 之间
5	两个指标相比，前者比后者明显重要
6	重要程度介于 5～7 之间
7	两个指标相比，前者比后者强烈重要
8	重要程度介于 7～9 之间
9	两个指标相比，前者比后者极端重要

之后，逐层求取指标权重，并进行一致性检验。对判断矩阵进行计算即可得到各因素的权重系数，理论依据是矩阵的相关理论，即矩阵中不同指标的权重取值就是该矩阵最大特征值所对应的特征向量值。但是，如果构造的判断矩阵不能满足一致性要求，则可能会出现"A 指标的重要性大于 B 指标，B 指标的重要性大于 C 指标，而 C 指标的重要性大于 A 指标"这种显然不具有正确性的判别结果，指标权重和评价结果也会出现偏差。在实际应用过程中得到判断矩阵一般来说难以百分之百符合一致性的要求，主要原因有以下几点：一是决策多目标、多准则的决策模型评价对象具有混合性和各种不同的关联性；二是由于定级技巧、判断标准和价值取向不可能完全一致，专家对同一层次的因素进行两两比较时具有一定的模糊性和主观性。因此需要判断无法满足一致性的判断矩阵偏离一致性的水平，但只要其偏离一致性的程度没有超过规定的范围内即认为该判断矩阵和由此得出的权重系数是可接受的。需要对判断矩阵进行一致性检验，来检测所构造的判断矩阵是否是合理的及可接受程度，步骤如下：

对于判断矩阵 A，根据方根法进行特征向量求解。计算 A 中每一行元素的乘积，并求取其 n 次方根，然后进行归一化处理，得到判断矩阵 A 的特征向量 $W'=[w_1', w_2', w_n']$。

$$M_i = \prod_{j=1}^{n} A_{ij}$$

$$\overline{w}_i = \sqrt[n]{M_i}$$

$$w_i' = \frac{\overline{w}_i}{\sum_{i=1}^{n} \overline{w}_i} \qquad (4-24)$$

需要通过计算判断矩阵的最大特征值进而求取一致性指标来进行一致性校验，以保证判断矩阵的科学性。

$$\lambda_{\max} = \sum_{i=1}^{n} \frac{AW'^{\mathrm{T}}}{nw'_i}$$

$$C_i = \frac{\lambda_{\max} - n}{n - 1}$$

$$(4-25)$$

由于矩阵一致性的偏离具有随机性，C_i 越高，则说明判断矩阵的一致性越差，当 $\lambda_{\max} = n$ 时，C_i 为 0 判断矩阵完全一致。一般来说，判断矩阵保持完全一致性的难度随着判断矩阵阶数的增加而增大，引入平均随机一致性指标 $\boldsymbol{R}$，见表 4-8。在判断矩阵的一致性时通常将指标 C_i 与随机一致性指标 R_i 进行比较，R_i 是根据矩阵阶数 n 确定的常数。一致性比率 C_R 为

$$C_R = \frac{C_i}{R_i} = \frac{\lambda_{\max} - n}{(n-1)R_i}$$

$$(4-26)$$

表 4-8 不同阶数 R_i 的值

阶数 n	1	2	3	4	5	6	7	8	9
R_i	0	0	0.58	0.9	1.12	1.24	1.32	1.41	1.45

一般情况下，当 C_R 小于 0.1 时，认为判断矩阵 $\boldsymbol{A}$ 具有可接受的满意一致性，说明权重系数的确定合理有效；若一致性不满足，则要重新构造判断矩阵，不断调整至满足一致性检验为止。

3. 评价指标组合权重设定

（1）灰色关联分析的基本原理。灰色关联分析是已被广泛接受的系统理论的一个分支，可以从整体观念出发综合评价受多种因素影响的事物和现象，以及定量描述某一系统的发展变化态势。关联度是指两个不同系统之间的因素的关联性随着不同时间或对象而变化的大小，如果两个因素随其他影响因素影响而发生的变化的同步程度越强，则两者之间的关联度越大。因此，灰色关联分析的主要依据为因素之间发展趋势的相异或相似程度，其主要思想是量化分析动态过程的发展趋势，通过统计系统内时间序列有关的数据，确定参考数据列和若干个比较数据列曲线之间的一致程度来判断其之间联系的紧密性，即求出各个比较数列和参考数列之间的灰色关联度。若比较数列与参考数列的发展速率和方向态势越趋近于一致，则其与参考数列的关系越紧密，即灰色关联度越大。将原始元素标准化处理以消除量纲的影响，计算关联系数、关联度，从而对各个元素进行排序。灰色关联分析的特点为：一是适合小样本数据，样本容量可以少到四个，且对无规律的数据同样适用，不要求参考变量和自变量服从正态分布；二是此方法属于综合评价方法的范畴，不能归入相关性分析，因为参考变量和自变量的关联度本身没有实际意义，而是要通过关联性大小的排序得出对重要性的判断。

关联度可以分为相对关联度和绝对关联度，绝对关联度在将原始数据标准化时采用初始点零化法，在变量间量纲一致性较差或者相关因素差异较大时往往难以得出合理的分析结

果。而相对关联度从一定程度上弥补了绝对关联度的缺陷，计算结果关联度与各数据和自变量的大小无关，分析的依据是相对量，分析结果只和数列相对于初始点的变化速率有关。

（2）改进灰色关联分析的主要步骤。在应用灰色关联分析进行综合评估和确定指标权重时，如果指标的专家群体经验判断一致性越高，则经验判断数值的关联度越高，认为该指标在整个指标体系框架中的贡献度和重要性越大，权重系数也越大。但是传统的灰色关联分析通常是以灰色关联系数为基础的，分辨系数是直接影响灰色关联系数分辨率和分布情况的直接因素，往往具有一定的不确定性和主观性从而对综合分析工作带来不便。为了从一定程度上弥补该缺陷，采用改进的灰色关联度分析方法，求取专家群体判断的组合权重系数。具体计算方法与步骤如下：

第一步：构造专家群体权重矩阵。

设评价指标共 n 个，m 个专家各自对所有指标作出各自的判断，得到各个专家的指标权重判断数据序列，专家群体权重判断数据的矩阵形式见式（4-27）。

$$\boldsymbol{B} = \begin{bmatrix} b_{11} & b_{12} & \cdots & b_{1m} \\ b_{21} & b_{22} & \cdots & b_{2m} \\ \vdots & \vdots & & \vdots \\ b_{n1} & b_{n2} & \cdots & b_{nm} \end{bmatrix} \tag{4-27}$$

式中的每个元素是经过层次分析法获得的单个专家打分指标层相对于目标层的合成权重，第 j 个专家对第 i 个指标的权重鉴定数据表示为 b_{ij}。

第二步：确定参考序列 B_0。

选择专家群体权重判断数据矩阵中最大的权重值，记为 b_{i0}，$i=1, 2, \cdots, n$，即为公共参考权重值，所得到的权重系数参考序列表示为

$$B_0 = (b_{10}, b_{20}, \cdots, b_{n0})^{\mathrm{T}} \tag{4-28}$$

其中，$b_{10} = b_{20} = \cdots = b_{n0} = \max\{b_{11}, b_{12}, \cdots, b_{1m}, b_{21}, \cdots, b_{ij}, \cdots, b_{nm}\}$。

第三步：求取相对距离。

通过求取参考序列和每一个指标的专家权重判断数据序列之间相对距离的大小可以说明权重系数的大小，各个专家判断的一致性越大则相对距离越小，权重系数越大，在整个指标体系中这个指标越重要。计算每一个指标的专家权重判断数据序列 B_1，B_2，$\cdots$，B_n 相对于参考序列 B_0 之间的距离，见式（4-29）。

$$D_{i0} = \sum_{k=1}^{m} (b_{i0} - b_{ik})^2 \tag{4-29}$$

第四步：求取专家群体判断的组合权重。

专家群体判断的组合权重可由相对距离计算公式为

$$\overline{w}_i = 1/(1 + D_{i0}) \tag{4-30}$$

对所求得的组合权重进行归一化处理，得

$$w_i = \overline{w}_i / \left(\sum_{i=1}^{n} \overline{w}_i\right) \tag{4-31}$$

即为所求取的专家群体判断组合权重，也就是评价指标体系最终的权重系数。

综上所述，灰色关联分析流程图如图 4-12 所示。

计算权重系数采用的方式为层次分析法和改进的灰色关联分析方法计算，结合了主观赋权法和客观赋权法特点，在利用多名专家的经验判断和优先级信息的主观基本原则上，确保数值计算及过程的客观性，使最终求取的权重主观性和客观性相一致。

4. 模糊综合评价流程

模糊综合评价法（FSE）应用模糊系统的原理，使用定量评价和综合评判的方式根据多个因素评判事物的隶属度等级状况，适合各种具有多重属性的、难以量化的模糊事物或者受多种因素制约的、非确定性的问题的解决。模糊综合评价法主要包括模糊综合评价指标的构建、权重系数的计算、隶属函数的建立及模糊评价结果向量的计算。主要步骤如下：

（1）构造综合评价体系。需要选择恰当的评语集合构成评价集 $V = \{v_1, v_2, \cdots, v_m\}$，这需要依照评价对象的实际状况决定。

（2）隶属函数。隶属函数是模糊理论中的重要组成部分，是一般集合中指示函数的一般化，用来量化状态量对各状态评级的隶属度，隶属函数的数值介于0~1之间，表示元素属于某模糊集合的"真实程度"。在建立隶属函数时，既要考虑不同专家对相同模糊概念理解的差异性，综合各专家的意见和经验，也要保证理论基础和计算过程的客观性。实际应用中常用模糊隶属度函数基本类型主要有（半）梯形函数、（半）抛物形函数、三角形函数等，常用的隶属函数确定方法有直觉法、模糊统计法、最小模糊度法、二元对比排序法、例证法及模糊分布法等。

选用常用的三角形隶属函数模型，模型1适用于成本型指标，即取值越小越好，具体隶属函数模型见式（4-32）~式（4-35）；模型2适用于效益型指标，即取值越大越好，具体隶属函数见式（4-36）~式（4-39）。x 为评价指标的实际取值，a_1, a_2, a_3, a_4 为隶属函数参数，$\mu_1, \mu_2, \mu_3, \mu_4$ 为隶属度值。根据各指标特点确定应选择何种模型。

$$\mu_1(x) = \begin{cases} 1, & x \leqslant a_1 \\ (x-a_2)/a_1 - a_2, & a_1 < x \leqslant a_2 \\ 0, & x > a_2 \end{cases} \tag{4-32}$$

$$\mu_2(x) = \begin{cases} 0, & x \leqslant a_1 \\ (x-a_1)/a_2 - a_1, & a_1 < x \leqslant a_2 \\ (x-a_3)/a_2 - a_3, & a_2 < x \leqslant a_3 \\ 0, & x > a_3 \end{cases} \tag{4-33}$$

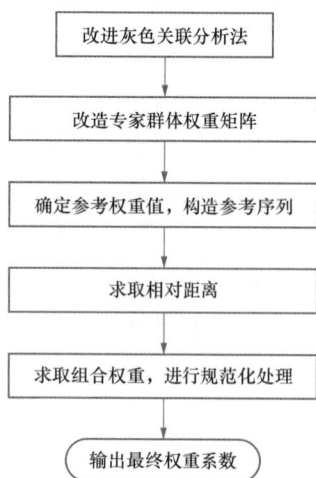
图 4-12 灰色关联分析流程图

$$\mu_3(x)=\begin{cases}0, & x\leqslant a_2 \\ (x-a_2)/a_3-a_2, & a_2<x\leqslant a_3 \\ (x-a_4)/a_3-a_4, & a_3<x\leqslant a_4 \\ 0, & x>a_4\end{cases} \qquad (4-34)$$

$$\mu_4(x)=\begin{cases}0, & x\leqslant a_3 \\ (x-a_3)/a_4-a_3, & a_3<x\leqslant a_4 \\ 1, & x>a_4\end{cases} \qquad (4-35)$$

$$\mu_1(x)=\begin{cases}1, & x\leqslant a_2 \\ (x-a_2)/a_1-a_2, & a_2<x\leqslant a_1 \\ 0, & x>a_1\end{cases} \qquad (4-36)$$

$$\mu_2(x)=\begin{cases}0, & x\leqslant a_3 \\ (x-a_1)/a_2-a_1, & a_3<x\leqslant a_2 \\ (x-a_3)/a_2-a_3, & a_2<x\leqslant a_1 \\ 0, & x>a_1\end{cases} \qquad (4-37)$$

$$\mu_3(x)=\begin{cases}0, & x\leqslant a_4 \\ (x-a_2)/a_3-a_2, & a_4<x\leqslant a_3 \\ (x-a_4)/a_3-a_4, & a_3<x\leqslant a_2 \\ 0, & x>a_2\end{cases} \qquad (4-38)$$

$$\mu_4(x)=\begin{cases}0, & x\leqslant a_4 \\ (x-a_3)/a_4-a_3, & a_4<x\leqslant a_3 \\ 1, & x>a_3\end{cases} \qquad (4-39)$$

选择恰当的隶属函数模型，构成模糊评价矩阵 $\boldsymbol{R}$，需用到每一个指标的初始数据和隶属函数关系计算评价指标对评价集的隶属度。由 n 个指标构成，集合 $U=\{u_1, u_2, \cdots, u_n\}$，由 m 个评价等级构成集合 $V=\{v_1, v_2, \cdots, v_m\}$，形成 $n\times m$ 阶矩阵 $\boldsymbol{R}$。

$$\boldsymbol{R}=(r_{ij})_{n\times m}=\begin{bmatrix}r_{11} & r_{12} & \cdots & r_{1j} & \cdots & r_{1m}\\ r_{21} & r_{22} & \cdots & r_{2j} & \cdots & r_{2m}\\ \vdots & \vdots & & \vdots & & \vdots\\ r_{i1} & r_{i2} & \cdots & r_{ij} & \cdots & r_{im}\\ \vdots & \vdots & & \vdots & & \vdots\\ r_{n1} & r_{n2} & \cdots & r_{nj} & \cdots & r_{nm}\end{bmatrix} \qquad (4-40)$$

式中　$\boldsymbol{R}$——配电网光伏承载的能力模糊评价矩阵；

r_{ij}——i 个指标对 j 个评语的隶属度取值，$i=1, 2, \cdots, n$；$j=1, 2, \cdots, m$。

（3）模糊评价结果向量。利用组合赋权计算各因素的权重系数并建立权重向量 $\boldsymbol{W}=\{w_1, w_2, \cdots, w_n\}$，将每层的权重向量和模糊评价矩阵运算得到每层的模糊评价结果向量 $\boldsymbol{X}$。

$$\boldsymbol{X} = WR_{n \times m} \tag{4-41}$$

基于组合赋权-模糊综合评价理论的评估流程如图 4-13 所示。

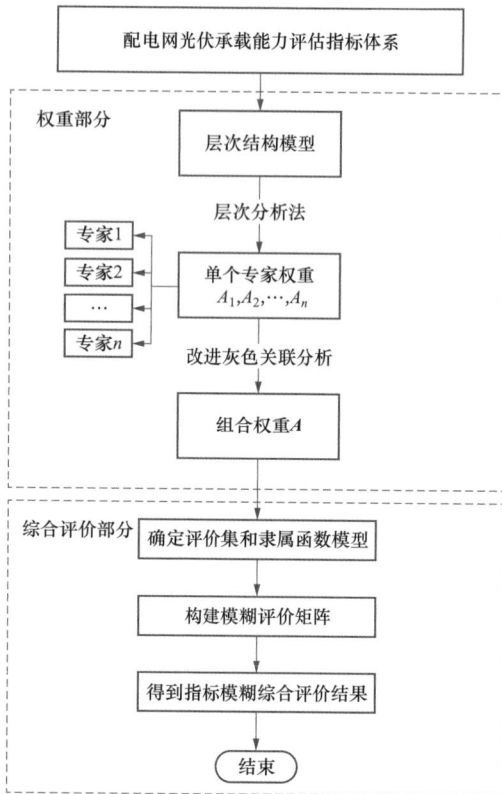

图 4-13 基于组合赋权-模糊综合评价
的综合评估方法流程

4.3.2 随机模拟法

随机模拟法，也称统计模拟法、蒙特卡罗方法。这是一种基于概率统计理论、借助计算速度快的计算机进行运算的方法。通过对具体问题的科学建模，将复杂的问题转化为具体的模拟计算，从根本上简化了研究问题。蒙特卡洛法通过重复的随机抽样得到合理的近似结果，特别当用于研究一些不能生成解析表达式或难以应用确定性算法的问题时，该方法相较其他常见的技术运算时间更快且能给出近似结果。

蒙特卡洛法的实际应用可以分为两大类，分别为处理确定性问题和处理不确定问题。具体计算步骤可以分为构造或描述问题的概率过程、从概率分布中抽样和计算估计量三个步骤。

（1）构造或描述问题的概率过程：根据所要求解的问题构建简洁合理的概率或随机模型。对于本身就具有随机特性的问题，要准确地描述出这一过程；对于本身不具备随机性质的问题，要在把握实际物体的物理过程和几何性质的基础上，构造一个人为的概率过程。所求问题的解与其中某些参数一致，将不具备随机特性的问题转变为具有随机特性的问题。

（2）从概率分布中抽样：各类概率模型是由不同的概率分布构成的，这是实现蒙特卡洛法的基础。在计算过程中，一般先生成服从均匀分布的随机数，再根据求解问题按某种分布生成随机数，进而进行随机模拟实验。在问题的求解过程中，针对不同问题的性质也需要选择不同的抽样方法。

（3）计算估计量：在对所建立的模型完成了仿真模拟试验后，需要确定一个随机变量，经过大量试验、计算出问题的随机解，即问题的估计值。进而分析模拟试验的结果，若该随机变量的期望值即为所求问题的解，则称此估计量为无偏估计量。当需要提高试验的效率、缩短时间时，可以对所建立的模型进行一些必要的调整。

根据蒙特卡洛法解决问题的流程与特性可知，蒙特卡洛法相较于一般的数学计算方法具有以下优点：

（1）方法简洁易懂：蒙特卡洛法是通过分析问题物理特性进行概率模型建立，并对其进行物理实验的过程。在特定的情况下，凭借蒙特卡洛法可以解决一些难以用具体数学公式解决的问题。该方法直接建立概率模型，不借助数值方程或复杂的数学表达式。蒙特卡洛法本质上属于统计试验方法，较为直观，在工程应用中便于技术人员掌握。

（2）适应性强：蒙特卡洛法具有广泛的适应性，在面对实际问题时受条件影响极小。在面对一些随机变化的条件时，也有着不错的效果。

（3）概率收敛不受问题维数影响：蒙特卡洛法的收敛与问题的维度无关，维数的增加只会引起计算量增大、导致抽样时间及计算时间增加，并不会影响问题原有的误差。这一特性使得蒙特卡洛法在面对高维问题时更具优势，一般的计算方法在面对高维数的问题时，计算时间及计算结果的误差会增加。

（4）可以同时求解问题的多个方案：对于需要求解多方案的问题时，不同于一般计算方法的重复逐个求解，蒙特卡洛法可以同时求解问题的多个方案，且求解单个方案与多个方案的消耗接近。进一步地，蒙特卡罗方法还能同时求解相似的解，无须逐步求解。

相对的蒙特卡洛法也有其限制，与一般计算方法比蒙特卡洛法在处理较低维数的问题时，收敛速度较慢，且通常较难获得高精度的近似情况。且蒙特卡洛法的计算量较大且重复，这使得该方法用时较长。

4.3.3　解析法

1. 内点法

内点法是为了求解具有多项式时间复杂性的问题而提出的一种线性规划算法。内点法从初始内点出发，沿着可行方向，求出使目标函数值下降的后续内点，沿另一个可行方向求出使目标函数值下降的内点，重复以上步骤，从可行域内部向最优解迭代，得出一个由内点组成的序列，使得目标函数值严格单调下降，其特征是迭代次数和系统规模无关。该算法迭代收敛次数稳定，且不需要试验迭代，算法实现过程简单，但同时基于原对偶路径跟踪算法的对偶变量初值迭代选址及后续障碍参数的修正需要人为根据检验给出，无可控规律。内点法已经发展形成了投影尺度法、仿射变换法和原对偶路径跟踪法三类内点算法。

（1）投影尺度法（projective scaling），即 Karmarkar 原型算法。该方法在进行每一次迭代前先通过投影变换将迭代点变换到可行域的中心附近，接着使它沿着最优下降方向移动。保持解为内点，将改进后的解通过逆变换映射回可行域内，不断重复，直到达到需要的精度。由于该方法是建立在构造的线性规划标准形上的，即要求问题具有特殊的单纯形结构和最优目标值为零，在实际计算过程中，需经复杂的变换将实际问题转换为这种标准形式。因此，在实际中应用较少。

（2）仿射尺度法（affine scaling），每次迭代先做仿射均衡变换，然后使用最速下降步骤计算。仿射尺度法已经较为成熟，但由于其在确定初始内点可行解上比较繁琐，且在最优点附件收敛速度慢，该方法的应用场景有较多限制。

（3）原对偶路径跟踪法（path following），又称为跟踪中心轨迹法。原对偶路径跟踪法结合了牛顿法和对数壁垒函数，具有多项式时间复杂性，该方法具有收敛迅速，鲁棒性强，对初值的选择不敏感、处理病态问题能力强等优点，现已被推广应用到非线性规划领域。

在实际应用中投影尺度法与仿射尺度法均有其限制，接下来以原对偶路径跟踪法为例介绍内点法的计算流程。

考虑问题的线性规划：

$$
\begin{aligned}
\min \quad & \boldsymbol{c}^{\mathrm{T}} \boldsymbol{x} \\
\text{s. t.} \quad & \boldsymbol{A} \boldsymbol{x} = \boldsymbol{b} \\
& \boldsymbol{x} \geqslant 0
\end{aligned}
\tag{4-42}
$$

考虑对偶问题：

$$
\begin{aligned}
\max \quad & \boldsymbol{b}^{\mathrm{T}} \boldsymbol{y} \\
\text{s. t.} \quad & \boldsymbol{A}^{\mathrm{T}} \boldsymbol{y} + \boldsymbol{z} = \boldsymbol{c} \\
& \boldsymbol{z} \geqslant 0
\end{aligned}
\tag{4-43}
$$

式中　$\boldsymbol{c}$、$\boldsymbol{x}$——n 维列向量；

　　　$\boldsymbol{b}$、$\boldsymbol{y}$——m 维列向量；

　　　$\boldsymbol{A}$——$m \times n$ 矩阵。

根据线性规划互补松弛性质，$\boldsymbol{x}$、$\boldsymbol{y}$、$\boldsymbol{z}$ 为最优解的充分必要条件。

$$
\begin{cases}
\boldsymbol{A} \boldsymbol{x} = \boldsymbol{b} & \boldsymbol{x} \geqslant 0 \\
\boldsymbol{A}^{\mathrm{T}} \boldsymbol{x} + \boldsymbol{z} = \boldsymbol{c} & \boldsymbol{z} \geqslant 0 \\
\boldsymbol{X} \boldsymbol{Z} \boldsymbol{e} = 0
\end{cases}
\tag{4-44}
$$

其中，$\boldsymbol{X} = \mathrm{diag}(x_1, x_2, \cdots, x_n)$，$x_i$ 为 x 的第 i 个分量；$\boldsymbol{W} = \mathrm{diag}(w_1, w_2, \cdots, w_n)$，$w_j$ 是 w 的第 j 个分量；$\boldsymbol{e}$ 为分量全为 1 的 n 维列向量。将其中的 $\boldsymbol{X} \boldsymbol{Z} \boldsymbol{e} = 0$ 换作 $\boldsymbol{X} \boldsymbol{Z} \boldsymbol{e} = \mu \boldsymbol{e}$，其中实参数 $\mu > 0$，得到松弛条件组：

$$
\begin{cases}
\boldsymbol{A} \boldsymbol{x} = \boldsymbol{b} & \boldsymbol{x} \geqslant 0 \\
\boldsymbol{A}^{\mathrm{T}} \boldsymbol{x} + \boldsymbol{z} = \boldsymbol{c} & \boldsymbol{z} \geqslant 0 \\
\boldsymbol{X} \boldsymbol{Z} \boldsymbol{e} = \mu \boldsymbol{e}
\end{cases}
\tag{4-45}
$$

原对偶路径跟踪法在计算时，通过迭代沿着中心路径逼近最优解。取一点 $(\boldsymbol{x}, \boldsymbol{y}, \boldsymbol{z})$，其中 $\boldsymbol{x} > 0$，$\boldsymbol{z} > 0$。此时需要求取最优方向 $(\Delta x, \Delta y, \Delta z)$，使得迭代后产生的点 $(\boldsymbol{x} + \Delta x, \boldsymbol{y} + \Delta y, \boldsymbol{z} + \Delta z)$ 位于原对偶中心路径上，即

$$
\begin{aligned}
& \boldsymbol{A}(\boldsymbol{x} + \Delta x) = \boldsymbol{b} \\
& \boldsymbol{A}^{\mathrm{T}}(\boldsymbol{y} + \Delta y) + (\boldsymbol{z} + \Delta z) = \boldsymbol{c} \\
& (\boldsymbol{X} + \Delta \boldsymbol{X})(\boldsymbol{Z} + \Delta \boldsymbol{Z}) = \mu \boldsymbol{e}
\end{aligned}
\tag{4-46}
$$

整理可得

$$
\begin{aligned}
& \boldsymbol{A} \Delta x = \boldsymbol{b} - \boldsymbol{A} \boldsymbol{x} \\
& \boldsymbol{A}^{\mathrm{T}} \Delta y + \Delta z = \boldsymbol{c} - \boldsymbol{A}^{\mathrm{T}} \boldsymbol{y} - \boldsymbol{z} \\
& \boldsymbol{Z} \Delta \boldsymbol{X} + \boldsymbol{X} \Delta \boldsymbol{Z} + \Delta \boldsymbol{X} \Delta \boldsymbol{Z} \boldsymbol{e} = \mu \boldsymbol{e} - \boldsymbol{X} \boldsymbol{Z} \boldsymbol{e}
\end{aligned}
\tag{4-47}
$$

忽略二次项 $\Delta X \Delta Ze$，且记 $b-Ax=\rho$，$c-A^{\mathrm{T}}y-z=\sigma$，将条件组用矩阵形式表示为

$$\begin{bmatrix} A & 0 & 0 \\ 0 & A^{\mathrm{T}} & I \\ Z & 0 & X \end{bmatrix} \begin{bmatrix} \Delta x \\ \Delta y \\ \Delta z \end{bmatrix} = \begin{bmatrix} \rho \\ \sigma \\ \mu e - XZe \end{bmatrix} \tag{4-48}$$

对方程组求解，可以求出移动方向 $(\Delta x, \Delta y, \Delta z)^{\mathrm{T}}$。继续沿此方向确定移动步长参数 λ，λ 的取值应满足：

$$\begin{aligned} x_i + \lambda \Delta x_i > 0 \quad i=1, 2, \cdots, n \\ z_j + \lambda \Delta z_j > 0 \quad j=1, 2, \cdots, n \end{aligned} \tag{4-49}$$

因 $x_i > 0$，$z_j > 0$，$\lambda > 0$，式（4-49）可以转化为

$$\begin{aligned} \frac{1}{\lambda} > -\frac{\Delta x_i}{x_i} \quad i=1, 2, \cdots, n \\ \frac{1}{\lambda} > -\frac{\Delta z_j}{z_j} \quad j=1, 2, \cdots, n \end{aligned} \tag{4-50}$$

可得

$$\frac{1}{\lambda} > \max_{i, j}\left(-\frac{\Delta x_i}{x_i}, \ -\frac{\Delta z_j}{z_j} \right) \tag{4-51}$$

为使得式（4-49）严格成立，引进小于 1 且接近于 1 的正数 p，令

$$\lambda = \min\left\{ p \left[\max_{i, j}\left(-\frac{\Delta x_i}{x_i}, \ -\frac{\Delta z_j}{z_j} \right) \right]^{-1}, \ 1 \right\} \tag{4-52}$$

总体来说内点法的计算步骤可以总成为

（1）选定初始点 $(x^{(1)}, y^{(1)}, z^{(1)})$，其中 $x^{(1)} > 0$，$z^{(1)} > 0$，引进小于 1 且接近于 1 的正数 p，精度要求 $\varepsilon > 0$，正数 $M < \infty$，取 $k=1$。

（2）求解 $\rho = b - Ax^{(k)}$，$\sigma = c - A^{\mathrm{T}}y^{(k)} - z^{(k)}$，$\gamma = x^{(k)\mathrm{T}}z^{(k)}$，$\mu = \delta \dfrac{\gamma}{n}$，$\delta$ 为小于 1 的正数，通常取 0.1。

（3）若 $\| \rho \|_1 < \varepsilon$，$\| \sigma \|_1 < \varepsilon$，$\gamma < \varepsilon$ 都成立，则计算终止，可得最优解 $(x^{(k)}, y^{(k)}, z^{(k)})$。若 $\| x^{(k)} \|_\infty > M$ 或 $\| y^{(k)} \|_\infty > M$ 成立，则计算终止，且原问题无解。否则进行下一步骤。

（4）求解方程：

$$\begin{bmatrix} A & 0 & 0 \\ 0 & A^{\mathrm{T}} & I \\ Z & 0 & X \end{bmatrix} \begin{bmatrix} \Delta x \\ \Delta y \\ \Delta z \end{bmatrix} = \begin{bmatrix} \rho \\ \sigma \\ \mu e - XZe \end{bmatrix} \tag{4-53}$$

式中　$X = \mathrm{diag}(x_1^{(k)}, x_2^{(k)}, \cdots, x_n^{(k)})$，$Z = \mathrm{diag}(z_1^{(k)}, z_2^{(k)}, \cdots, z_n^{(k)})$，求解可得 $(\Delta x^{(k)}, \Delta y^{(k)}, \Delta z^{(k)})$。置 $\lambda = \min\left\{ p \left[\max_{i,j}\left(-\dfrac{\Delta x_i}{x_i}, \ -\dfrac{\Delta z_j}{z_j} \right) \right]^{-1}, \ 1 \right\}$。

（5）令 $x^{(k+1)} = x^{(k)} + \lambda \Delta x^{(k)}$，$y^{(k+1)} = y^{(k)} + \lambda \Delta y^{(k)}$，$z^{(k+1)} = z^{(k)} + \lambda \Delta z^{(k)}$。令 $k=$

$k+1$，重复步骤（2）。

2. 牛顿法

牛顿迭代法（Newton's method）又称为牛顿-拉夫逊（拉弗森）方法（Newton - Raphson method），用于在实数域和复数域上近似求解方程。牛顿迭代法在方程的单根附近具有平方收敛，牛顿法还可以用于求解方程的重根、复根。牛顿迭代法的计算重复度高，且因为其局部收敛的特性导致初值选取苛刻，初值只有在根附近才能保证收敛。牛顿迭代法相关公式如下：

设 $f(x)$ 连续可微，将 $f(x)$ 在 x_0 处泰勒展开：

$$f(x) = f(x_0) + f'(x_0)(x - x_0) + \frac{f''(x_0)}{2!}(x - x_0)^2 + \cdots \tag{4-54}$$

若 $f'(x_0)$ 不为零，将 $f(x)$ 用线性部分近似替代，可以得到近似方程：

$$f(x) \approx f(x_0) + f'(x_0)(x - x_0) \tag{4-55}$$

化简得：$x = x_0 - \dfrac{f(x_0)}{f'(x_0)}$

根据迭代法的思想，将上式左端 x 记为 x_1，可以得到 $x_1 = x_0 - \dfrac{f(x_0)}{f'(x_0)}$，进而推广可得 $x_{k+1} = x_k - \dfrac{f(x_k)}{f'(x_k)}$，该式即为牛顿迭代公式。

牛顿法的计算步骤如下：

（1）给定初始近似根及精度 ε，置 $k=0$。

（2）按照初值计算 $f(x_0)$、$f'(x_0)$ 及 x_1。

（3）若满足 $|x_1 - x_0| < \varepsilon$，则转向第四步。否则将初值 x_0 替换成 x_1 继续迭代。

（4）输出满足精度的根。

3. 简化梯度法

简化梯度法利用函数值寻找迭代点下降的位置，按照最优值方向前进。简化梯度法分为两步进行，第一步在不加约束下进行梯度优化；第二步将结果进行修正后，在目标函数上加上可能的电压越限罚函数。因为引入了惩罚函数，可能会对函数值的计算产生误差。除此之外简化梯度法在接近最优点附件时收敛慢，且在修正控制变量之后需要重新计算潮流。该算法的优点是对于初值的选取要求不高，且计算时所需数据存储空间不大。简化梯度法的特性使其不太适合用于大规模电力系统。在简化梯度法的基础上利用共轭梯度法来改进搜索方向，可以获得比简化梯度法更好的收敛效果。接下来介绍简化梯度法的相关公式。

将需要解决的问题转化为数学模型：

$$\begin{aligned} \min \quad & p(z, x) \\ \text{s.t.} \quad & f(z, x) \\ & h(z, x) \leqslant 0 \end{aligned} \tag{4-56}$$

式中　p——目标函数；

　　　z——控制变量；

　　　x——状态变量；

　　　f——等式约束；

　　　h——不等式约束。

简化梯度法通过控制变量空间，配合惩罚函数进行梯度类寻优。首先将不等式约束引入目标函数：

$$\min P_s(x，z)=P_s(x，z)+\sum_{i\in\Omega}w_1h_i^2(x，z)$$
$$\text{s. t.}\quad f(x，z)=0 \tag{4-57}$$

式中　Ω——越界的约束集合；

　　　w_1——惩罚因子。

通过建立拉格朗日函数将等式约束引入，将最优问题转化为拉格朗日函数的极小值问题：

$$L(x，z，\lambda)=P(x，z)+\lambda^T f(x，z) \tag{4-58}$$

求解拉格朗日函数：

$$\frac{\partial P}{\partial z}-\frac{\partial f^T}{\partial z}\left[\frac{\partial f^T}{\partial x}\right]^{-1}\frac{\partial P}{\partial x}=0 \tag{4-59}$$

$$f(x，z)=0 \tag{4-60}$$

式（4-61）表示控制变量 z 与目标函数之间的灵敏度：

$$\nabla_u=\frac{\partial P}{\partial z}-\frac{\partial f^T}{\partial z}\left[\frac{\partial f^T}{\partial x}\right]^{-1}\frac{\partial P}{\partial x} \tag{4-61}$$

式中　∇_u——目标函数对控制变量的全导数。

$$u^{(k+1)}=u^{(k)}-\alpha\,\nabla_u^{(k)} \tag{4-62}$$

求出修正后的控制变量 $u^{(k+1)}$，将新的控制变量代入式（4-37）中计算出新的状态变量 $x^{(k+1)}$，利用新的控制变量及状态变量求得新的梯度，不断迭代直到梯度足够小。

4.4　台区光伏承载力评估流程

4.4.1　台区光伏承载力评估思路

1. 以"数"为据

开展分布式光伏承载力评估，可通过构建配电网仿真模型，以配电网安全运行为边界，不断试探出分布式光伏的极限渗透率，也可采用迭代优化类算法，得出优化配置下的分布式光伏渗透率极限。若要在地市乃至省级电网全范围计算分布式光伏承载力，前者动态建模和仿真工作量巨大，后者往往无普遍适用的建模方法，且计算量巨大，两者皆不能提供高效的解决方案。

目前，电网调度自动化水平较高，调度系统积累了大量宝贵数据，包括电网模型数据、电网运行数据等。充分利用已有量测数据，可以对电网进行态势感知和评估，具有较高的工程实际价值。基于电网历史运行状态，以"数"为据，感知并评估分布式光伏承载力切实可行。

2. 以"稳"为界

分布式光伏无序接入电网会导致电网设备和线路过载，母线、线路电压越限，电能质量超标和保护失效等问题。分布式光伏承载力评估应以保障已投运电网的安全稳定为前提，着重开展电网设备和线路的热稳定性评估，即分布式光伏的接入不应使流经电网设备和线路的电流超过其热稳极限而发生过载。电压越限、短路电流超标、电能质量超标等问题虽可以通过调整有载调压变压器抽头、新增无功补偿装置、利用光伏逆变器自身功率因数调节能力、运行方式调整、加装储能设备等手段来缓解，但设备的新增或改造会增加额外资金投入。因此，电网未发生相应改造前，应在热稳定性评估的基础上，进行电压偏差、短路电流、谐波等指标的校核，以满足相关标准要求。

3. 依据拓扑、分层测算

分布式光伏承载力评估主要以配电网（20kV 电压等级以下）为分析对象，分布式光伏通常多点分散接入配电网各电压等级母线或线路，各接入点的负荷特性也不尽相同，配电网拓扑结构随着其运行方式的调整也会发生变化。某接入点的分布式光伏承载力依据本电压等级变压器、母线、线路的热稳定性、电压偏移量、短路电流水平和谐波污染程度进行测算，而该点分布式光伏可承载容量还受其上级电压等级测算结果的约束，即同一辐射线路上低电压等级母线的分布式光伏承载力不得大于高电压等级母线的测算结果。因此，分布式光伏承载力评估应以 220kV 变压器为单位，基于配电网实际运行拓扑，遵循"分区分层"原则，从总体到局部、从高压到低压，按供电区域和电压等级开展。

4. 等级可视、定期评估

分布式光伏承载力测算应得出配电网各电压等级母线的可新增装机容量，除此之外还应通过不同颜色综合划分各母线的评估等级，直观展示分布式光伏可新增装机裕度，为分布式光伏和电网规划、设计、建设、运行提供依据。

随着时间推移，配电网的负荷水平、电源建设情况、网架结构等会发生变化，分布式光伏的承载力也随之改变。因此，需要定期开展评估，及时把"脉"，不断更新承载力结果，评估周期可与电网年度方式分析、电网规划同步。对于负荷、电源、网架发生重大变化的配电网，可按需适时开展评估工作，对于承载力较弱的区域应缩短评估周期。

4.4.2 台区光伏承载力评估步骤

在进行光伏承载力评估之前需要对相关数据进行收集。分布式光伏接入电网的承载力以待评估区域电源装机信息、电源特性数据、电网设备参数、电网历史运行数据、电能质量实测数据、电网安全运行边界数据等为基础开展评估，并充分考虑该区域的地理位置、电网拓扑、运行方式、负荷类型、负荷水平、时间尺度、在建及已批复电源和电网项目等因素。数据需求可归类为：系统数据、设备数据、运行数据、安全边界数据 4 类，具体如下：

（1）系统数据。包括待评估电网的一次接线图、电网等值阻抗图、各级母线大小方式短路容量表。

（2）设备数据。包括各级变压器容量限值、各级线路电流限值、区域内电源装机和规划信息、分布式光伏逆变器功率因数调节范围。

（3）运行数据。包括待评估电网及区域内电源的正常运行方式数据，评估周期内各级变压器历史负载时序数据、各级线路历史负载时序数据、各电源历史出力时序、各级母线电压历史时序、电能质量监测点的谐波电流和间谐波电压含有率实测值。

（4）安全边界数据。包括母线电压偏差限值、短路电流限值、谐波电流允许值、间谐波电压含有率限值。

分布式光伏承载力测算基础数据需求见表 4－9。

表 4－9　　　　　　　　　分布式光伏承载力测算基础数据需求

类别	详细需求	用途及说明
系统数据	电网拓扑	确定评估范围；确定区域内变压器、线路、电源间的拓扑关系；直观展示评估等级。根据已投运电网绘制
	母线大小方式短路阻抗/短路容量	分布式光伏以设备热稳允许的容量接入后，估算各级母线的电压偏差值、短路电流值
设备参数	变压器容量限值	评估各级变压器的热稳定性
	线路电流限值	评估各级线路的热稳定性，一般取线路的保护限值、TA 限值和热稳限值三者的最小值
	电源装机和规划信息	基于集中式、分布式电源装机现状，评估分布式光伏承载力，基于已批复、在建的电源信息，修正承载力结果
	逆变器功率因数调节范围	确定分布式光伏有功功率、无功功率范围，估算各级母线的电压偏差值
运行数据	运行方式	按照电网历史典型运行方式，复原电网拓扑结构，确保电网拓扑和运行方式的一致性
	变压器负载时序	按照变压器的历史负载时序，评估其热稳定性及分布式光伏新增裕度
	线路负载时序	按照线路的历史负载时序，评估其热稳定性及分布式光伏新增裕度
	电源出力时序	基于集中式电源历史出力时序，依据电力平衡原则，分析区域内用电负荷与分布式电源出力的关系

类别	详细需求	用途及说明
运行数据	母线电压时序	按照母线的历史电压时序，校核电压偏差是否满足要求
	实测谐波电流	按照电能质量监测点的谐波电流实测值，校核谐波电流是否超标
	实测间谐波电压含有率	按照电能质量监测点的间谐波电压含有率实测值，校核间谐波电压含有率是否超标
安全边界数据	电压偏差限值	用于电压偏差校核，参考相关国家标准规定的限值
	短路电流限值	用于短路电流校核，参考相关国家标准规定的限值
	谐波电流允许值	用于谐波电流校核，参考相关国家标准规定的限值
	间谐波电压含有率限值	用于间谐波电压含有率校核，参考相关国家标准规定的限值

在对相关数据进行收集之后，可以按照如下步骤进行分布式光伏承载力评估。分布式光伏承载能力评估图如图 4-14 所示。

（1）明确待评估区域电网范围，画出待评估区域电网拓扑图。一般来说，评估范围以单台 220kV 变压器的供电区域划分，评估对象包括该区域内所有 35～220kV 等级的变压器、35～110kV 等级的线路、10～220kV 等级的母线。

（2）按照表 4-9 所列数据需求进行数据收集，判断待评估区域是否发生分布式光伏向 220kV 及以上电网反送电，即该区域分布式光伏总出力是否大于用电负荷，若反送则该评估区域各电压等级分布式光伏承载力等级为红色。

（3）按照电压等级从高至低分层进行评估。基于搜集的系统数据、设备参数、运行数据，统计当前层级各母线短路电流、电压偏差、谐波现状，并参照各项限值进行校核，若校核不通过，则该电压等级及以下区域电网的分布式光伏承载力等级为红色。

（4）在待评估区域电网正常运行方式下，按照式（4-17）、式（4-18）开展热稳定评估，确定当前层级变压器和线路的反向负载率及可新增分布式光伏容量。计评估周期内反向负载率的最大值 λ_{max}，若 $\lambda_{max} > 80\%$，则该电压等级以下电网承载力等级为红色。

（5）根据步骤（4）得出的可新增分布式光伏容量，按照式（4-19）、式（4-21）计算并校核短路电流和电压偏差。

（6）若步骤（5）校核不通过，逐步降低分布式光伏新增容量，重复步骤（5），直到校核通过，通过校核的容量即为待评估电网当前层级的分布式光伏承载力。

（7）完成当前电压等级电网的测算后，依据拓扑连接关系，将测算结果与上一电压等级进行比较，取两者间较小值作为本级评估结果。然后，逐渐降低电压等级，重复步骤（3）～步骤（6），直至完成待评估电网所有电压等级的测算。

（8）汇总各级测算结果，按图 4-14 所示原则，划分待评估电网分布式光伏承载力等级，列出各级母线的分布式光伏承载力裕度，最终依据电网拓扑绘制该区域的分布式光伏承载力结果图。

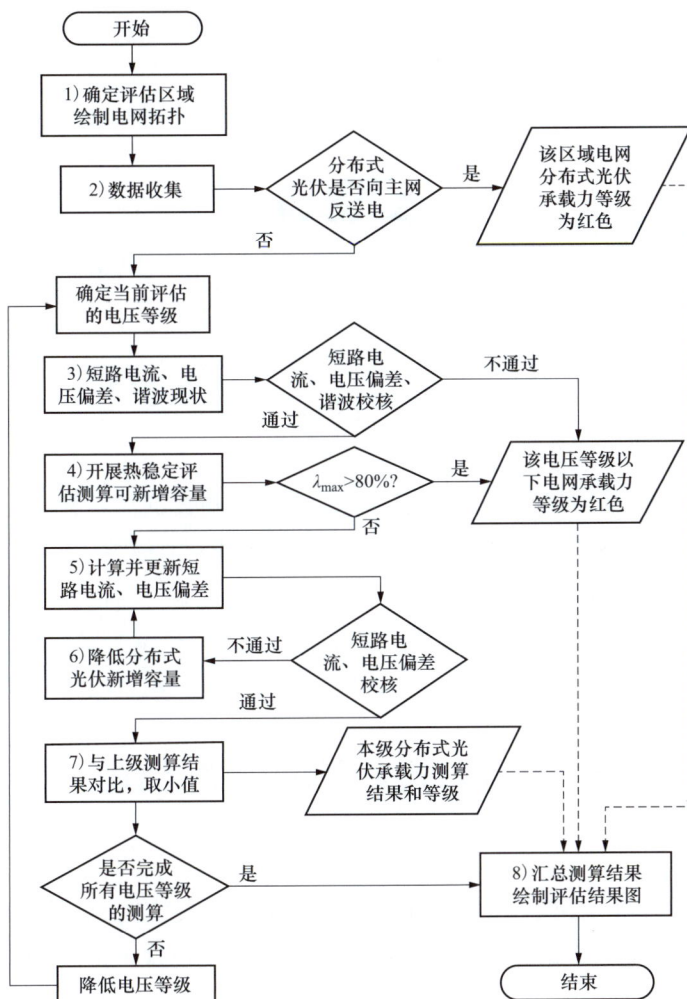

图 4-14 分布式光伏承载能力评估图

第5章
配电网接入分布式光伏监控

分布式光伏接入电网后的功率预测及配电网分布式光伏的承载能力评估分析已作了介绍。要做到功率预测、承载能力评估需要获取大量光伏设备的相关数据，而配电网内的分布式光伏具有点多面广的布局特点，要及时获取这类准确数据离不开监控系统的协助。监控系统主要获取光伏设备的电压、电流、功率信息，还能获取储能、气象数据，还能够获取记录一些故障信息，对配电网稳定运行具有重要的意义。同时，监控系统在传输速度、范围、精度上都具有极大的优势，面对配电网台区中分布式光伏渗透率的增加，监控系统也越发的重要。本章介绍监控系统的构成与做法，并以实际工程为例，阐述配电网监控系统的运行。

5.1 分布式光伏监控系统概述

光伏设备监控系统，要充分利用计算机、信息控制技术及现代化通信手段，有针对性地解决光伏设备日常运行维护工作中出现的问题，保证采集实时运行数据的准确性，为电站运维人员提供可靠的决策支持，从而进一步提高光伏设备日常运维信息化、自动化、互动水平，全面提升电站发电效率，保障其安全、高效、稳定地运行。光伏并网发电系统需要采集的数据有：光伏电池输出电压和输出电流、并网各相电压与电流、系统温度、系统的启停状态、电网频率、光伏并网系统当日发电量、光伏并网系统累计发电量、风向、风速、辐照、环境温度等，根据实际需要，光伏设备监控系统具备数据显示、故障监测、数据管理、本地与远程监控、密码管理等基本功能。

光伏设备的监控系统的核心组成部分为分布式光伏的监控单元和远程监控中心。分布式光伏的监控单元的作用是就地监测光伏的各项数据，通过通信设备发送给远程监控中心，执行远程监控中心发送的指令。远程监控中心的作用是完成多个分布式光伏的监控，并发布相关指令。

5.1.1 光伏监控系统架构

随着分布式光伏的发展，现有的光伏监控系统也采用分布式结构，其网络结构、计算机硬件、软件配置一般遵循开放性原则，有利于系统以后的扩充和维护。光伏设备监控系统结构如图 5-1 所示。

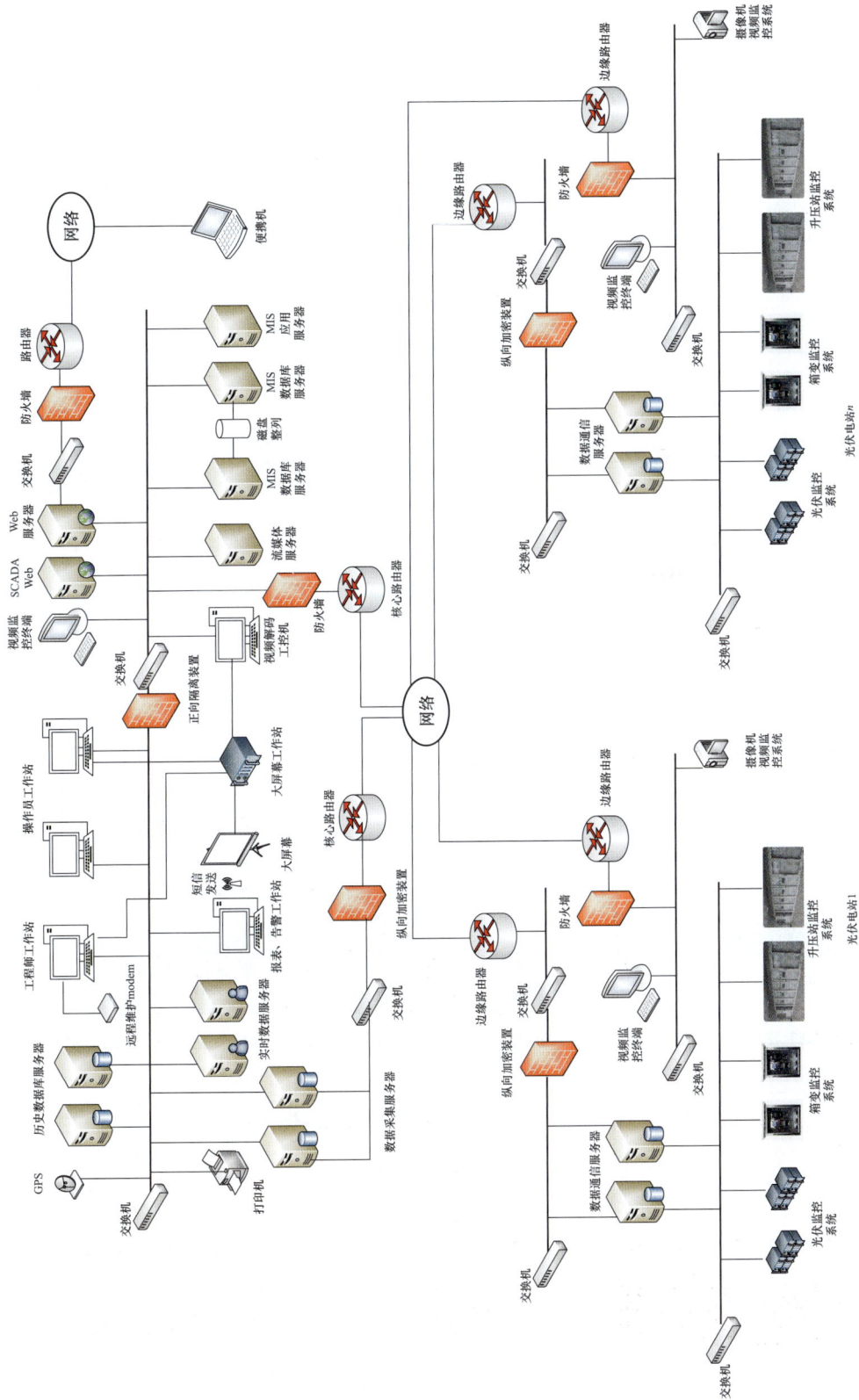

图 5-1　光伏设备监控系统结构构图

5.1.2　网络结构

系统的主局域网采用多层交换式设备，将网络结构分层、分段，即便发生了单网故障或单节点故障都不会对系统正常功能造成影响。系统提供分布式计算的体系结构，各应用功能在接入系统局域网的服务器和工作站上合理分配。

网络通信分为实时数据传输网和前置数据采集网，两个网段均可采用冗余交换式以太网结构。

前置数据采集网与当地光伏设备的通信可以采用光纤专网、卫星通信、无线专网、无线公网等通信方式。

5.1.3　硬件配置

光伏设备远程监控系统中，硬件主要包括实时数据库服务器、历史数据库服务器、数据采集服务器、操作员工作站、工程师工作站、报表告警工作站、Web 服务器、GPS 时钟接收装置、磁盘阵列、网络通信和安全隔离设备等。监控系统的主干网进行双网冗余配置以保证监控系统的持续安全运行。各服务器和工作站通过双网的方式接入系统。

系统的服务器为可靠 PC 服务器，对于历史数据库服务器采用磁盘阵列，提高系统的可靠性；系统的工作站可以选用图形工作站或高性能 PC 机；前置通信系统可采用基于网络的终端服务器。

5.1.4　光伏发电综合监控系统软件结构

一般光伏发电综合监控系统软件架构由操作系统、支撑平台、应用系统三个层次组成，如图 5 - 2 所示。

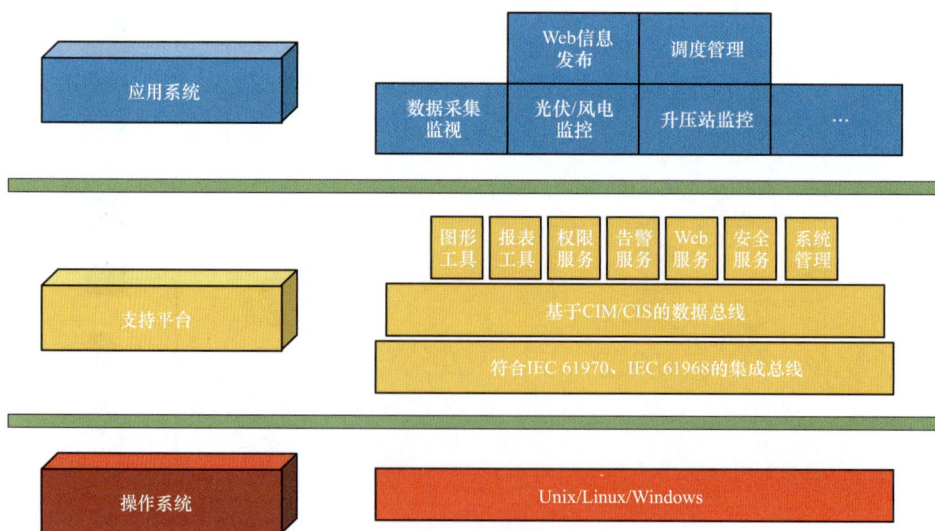

图 5 - 2　光伏发电综合监控系统软件架构

1. 操作系统

操作系统均应采用符合 POSIX（可移植操作系统接口）和 OSF（开放软件基金会）标准的 Unix 操作系统，如 AIX、HP‐UX、Solaris、Linux，工作站的操作系统采用 Windows 系列操作系统，但考虑到安全性方面的需求，也需考虑支持 Linux 和 Unix 系统。

2. 支撑平台

如图 5‐2 所示，支撑平台的作用是在应用系统和操作系统之间，实现对应用功能的通用服务和支撑，为应用功能的一体化集成提供平台。支撑平台提供标准的服务访问或编程接口，支持用户应用软件的开发。

支撑平台根据其功能分为三层：自下而上分别为集成总线层、基于 CIM/CIS（公共信息模型/组件接口规范）的数据总线层及具备图形报表等功能的公共服务层。

（1）集成总线层。集成总线层提供交互机制，执行 IEC 61970 及 IEC 61968 等国际开放性的标准，实现各应用系统、公共服务元素及第三方软件之间规范化的交互。

（2）数据总线层。数据总线层提供数据访问服务，分别由商用库、实时库及相对应的数据访问中间件等组成，如图 5‐3 所示。该层规范了数据共享及数据交换的实现。底端的集成总线层的分布式实时数据库技术保证实时数据库的同步功能。商用数据库用来存放非实时的数据。

图 5‐3　数据层结构图

ODBC/SQL 是一种数据库访问机制，通过 ODBC（开放数据库互联）配置连接 SQL（结构化查询语言）与数据库，图中 CDA（指令数据获取）是用于对 CIM 的数据库访问。图中的导入导出接口是用于整个监控系统网络数据模型的输入/输出。

（3）公共服务层。公共服务层为应用软件提供各种功能服务，监控系统具备光伏监控系统所需的各种服务业务，包括警告应用功能服务、图形编辑显示应用功能服务、报表应用功能服务、Web 应用功能服务、权限管理功能服务。

3. 应用系统

应用层包括数据采集和控制、集控功能、数据库管理、智能可视化调度决策、保护故障信息处理等。这些功能模块通过数据总线、集成总线及公共服务的共同支持下集成。这些功能构成了光伏电站远程监控系统一体化系统。

4. 现有光伏发电综合监控系统功能

数据采集：根据光伏发电综合监控系统的特点，系统中的数据采集功能设计时应具备前置系统容量的动态分配和管理、前置系统多个分组应用和管理、可运行于各个节点的前置信息客户端及规约模块采用插件方式的灵活配置等特性，且与下属子系统都需要存在必要的信息交互。

数据采集与监控系统（SCADA）主要功能包括：数据采集与处理、统计计算、报表功能、信息与报警、故障记录、查询功能、画面编辑、数据库管理、画面监控、功率控制、用户权限管理、通信协议、通信接口、保护管理、系统的可维护性、监控系统故障诊断、系统时钟同步。

辅助运行功能：

（1）光伏功率预测子系统：光伏发电效果受外界环境制约，功率预测子系统能够协助电力调度部门根据各地气象预测信息，为光伏设备提前调整调度计划，减少系统的备用容量、系统运行成本，减轻气象条件变化造成的不利影响，还能够提高系统中光伏发电装机比例。

（2）视频监视子系统：视频监控子系统用于对光伏电站内重要设备、部门场所实时监控，管理部门通过该系统对运行设备进行监视，提供高效及时的指挥和调度。视频监控系统主要提供监控画面实时显示、快速检索、自动备份、网络传输及数据和视频的联动等功能。

5. 分布式光伏监控系统存在的问题

当前光伏发电综合监控系统多数从变电站综合自动化监控系统演变而来，系统软件高级应用功能基本为电力系统通用功能，但分布式光伏具有点多面广、间歇性发电的特点，且分布式光伏接入改变了配电网的结构，配电网的故障控制、功率调节对监控系统提出更高要求。

随着分布式光伏在台区内的渗透率越来越高，对功率调节的要求也越来越严格。传统光伏设备功率调节一般都是通过操作员根据调度指令手动设定功率值、远程控制逆变器。这种人为操作的方式，在时间上存在有一定的滞后性，响应速度慢、调节误差大，操作效率和速率都比较低，且人为调节的方式难以察觉到设备内部的问题，难以满足对点多面广、单体功率不高的众多分布式光伏设备的实时调节与设备维护。

5.2 光伏监控系统现状方案

为解决故障检测、全局统筹、数据传输速度的问题，工程上对当先的光伏监控系统提出了相当的要求。分布式光伏作为电网的一部分，运行需要受到电网的统一调度和管理，减少分布式光伏与线路的故障。监控中心需要及时获取各设备信息与及时发送指令，远程监控单元及时执行指令。根据电力系统稳定运行的需要，光伏设备监控系统应该具备以下功能：

（1）实时监控光伏发电系统中各设备的运行状态。光伏发电系统中的设备基本包括光伏阵列、并网控制系统、变压器、逆变器及基本的继电保护设备，在光伏并网发电系统中需要实时地获取这些设备的工作状态。

实时获取光伏阵列的工作状态和发电量，检测是否存在部分电池故障失联，且光伏阵列的状态达到一定要求时才能够并网发电。

对逆变器、变压器等设备，检测输出电压、电流及配电开关状态等数据，通过自动发电控制/自动电压控制（AGC/AVC）根据调度下发的目标值进行逆变器、SVG 的有功功率及无功功率输出的调节。异常数据用于判断设备或者线路故障。

（2）故障监控与告警。实时监测光伏设备与线路的运行状态，当设备或线路发生故障时，应立即发出告警信号，通知维修人员及时处理，避免故障扩大。同时在系统调控层面，要根据报告的故障状态及时调整电网拓扑连接，如断开光伏发电系统与电网的连接，避免故障扩大。

报警主要包括两方面，一是向电力控制系统中进行故障报警，通知系统人员对电力系统拓扑连接进行调整；二是通知光伏发电站的管理人员，通知其进行现场故障排查如采用手机短信的报警方式。需要对故障告警有一定的突出显示，有助于巡检人员进行现场检查时根据该提示查看报警信息等内容。

（3）输出电能质量监控。通过上述分析可知，长时间工作后，光伏并网发电系统由于各方面老化因素，其输出电能质量下降，并入电网后会对电网产生污染，因此要对其输出电能质量进行监控。

（4）数据存储。将光伏设备的运行数据存储在存储器中，当系统发生故障时可将运行数据传送到远方监控中心，以便进行故障分析和定位。

（5）远程监控与数据传输。具有远方通信接口，以保证远方监控中心对光伏设备工作状态的及时了解和远程控制，即具有遥测、遥控、遥信、遥调功能，能够快速对传输的数据信息做出反应调制。

（6）气象监控。对光伏系统所在地区的环境进行监控，在较恶劣的天气情况下关闭系统，并在恶劣天气过后加强对光伏发电系统的检查。对于会影响光伏发电效率的环境要素如气温、光照等因素监控，有助于对光伏并网发电系统进行规划。

为了实现分布式光伏的全局统筹，需要对分布式光伏的远程监控单元进行统一调控。下面首先介绍远程监控单元的组成，再说明统筹调控的实现。

5.2.1　全局统筹

一般来说，分布式光伏设备远程智能监控系统由监控模块、感应模块和计算机群组组成，为实现全局统筹管理，光伏监控系统需要多种传感器对光伏设备数据进行测量感知，以获取较高精度的电压、电流、频率、功率、气象等数据。以图 5-4 所示的分布式光伏设备远程智能监控系统结构图说明。其中监控模块和感应模块构成监控单元，监控模块包括 CISC 单片机和监控电路，感应模块包括众多的传感器。

监控模块可对分布式光伏设备元件的工作状态、电源流量等进行实时监控，并对监控对象的安全隐患进行处理；感应模块为分布式光伏设备远程智能监控系统提供了设备的实时运行情况；监控模块和感应模块中的数据上传至计算机和上位机进行显示、分析和处理，这些对各模块中不同电路进行分布式处理的计算机，共同组成了计算机群组。

监控模块的核心监控元件为 CISC 单片机，该单片机在分布式光伏设备远程智能监控系统中使系统能够智能运转，节省人力开支。监控模块实现数据记录和传输，这些电路均受 CISC 单片机监控。CISC 单片机将监控数据反馈到相应的计算机中进行处理。

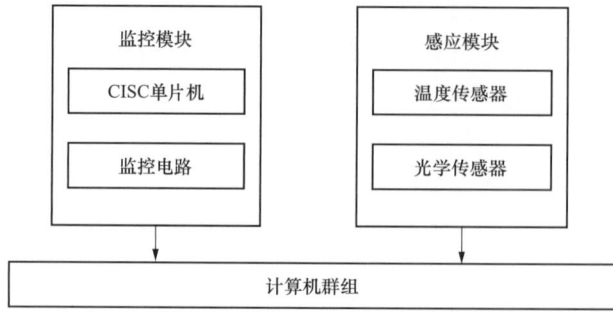

图 5-4　分布式光伏设备远程智能监控系统结构图

　　传感器根据其传输数据的类型的不同主要可以分为模拟传感器和数字传感器。模拟传感器对外传输的是电压或者电流之类的模拟量，在控制器端需要进行数字信号处理，如滤波、放大，最后经过转化为数字量供处理器进行数字运算。模拟传感器结构图如图 5-5 所示。

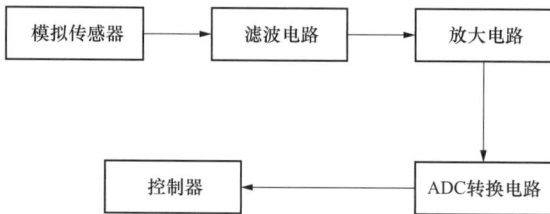

图 5-5　模拟传感器结构图

　　模拟传感器通过单片机或者数模转换芯片、微控制器（MCU）或数字信号处理器（DSP）进行数据处理。电压、电流数据可以通过霍尔元件测量，霍尔电流、电压传感器模块优越的电性能使它同时具备了传统的互感器和分流器检测的所有优点，同时又克服了互感器只适用于 50Hz 工频量的测量和分流器无法进行隔离测量的不足。利用同一只霍尔电流、电压传感器模块检测元件既可以检测交流也可以检测直流，甚至可以检测瞬态峰值。频率测量通过同步锁相电路输入DSP 的脉冲检测，再由捕获模块（CAP）采集端口捕获经过计算便可得到，检测出电压信号，通过过零比较芯片及 DSP 内部定时器共同实现。图 5-6 所示是一种 DSP 的控制采样电路。

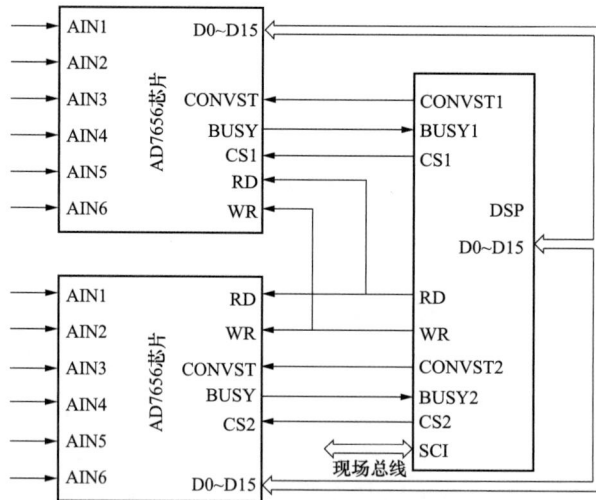

图 5-6　DSP 的控制采样电路

相比于模拟传感器，数字传感器其输出即为数字量，信号处理环节在传感器内部实现，使用方便快捷，但是价格较高。数字式传感器的传输方式主要是通过标准的数字接口进行数据传输，如基于 RS‑485 接口、RS‑232 接口和 ZigBee 接口等。其中，RS‑485 接口和 RS‑232 接口方式为有线传输方式，ZigBee 接口则主要是基于无线传输方式。为了信息的统一传输和接收，环境温湿度、雷电信息雨量检测等主要通过基于 RS‑485 通信方式实现。

DSP、单片机与电站现场监控之间通过光电和电光转换模块、光纤将各自的异步串行通信口通过总线方式相连。电光转换和光电转换模块以图 5‑7 为例说明。前者由电容电阻和 HFBR‑1414 芯片组成，后者由 HFBR‑2412 芯片和电容电阻组成，电光转换和光电转换模块之间以光纤线连接。这样的电路抗干扰能力强，可实现信号的远距离传输。

通过各个分布式光伏设备的远程监控单元的监控模块和感应模块获取设备运行信

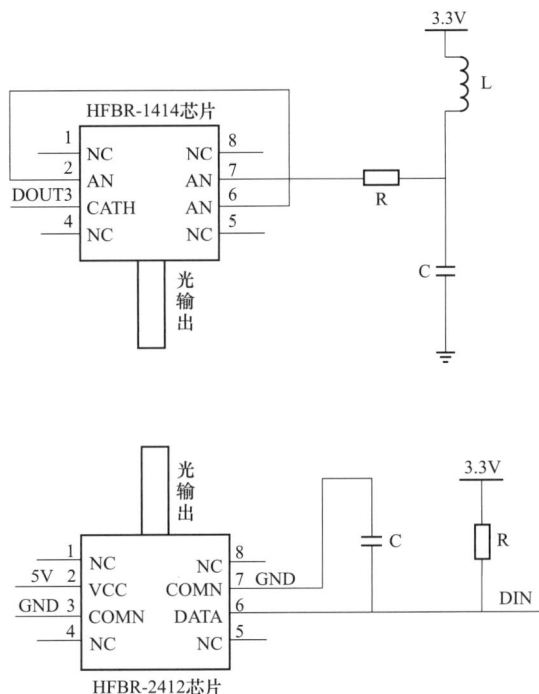

图 5‑7　电光和光电转换模块

息，将众多的设备数据存储并汇集发送到远程监控中心，远程监控中心处对下位的所有分布式光伏设备调控，配合故障检测功能和快速的传输速度，能够实现对监控区域内的分布式光伏的全局统筹。

5.2.2　故障与电能质量监测

随着光伏并网系统的使用，目前长时间使用后的光伏并网系统有可能会出现运行故障，这会影响到整个电网的电能质量。因此需要对光伏并网系统进行故障信息检测，该信息通过电能质量是否满足要求来判断。故障状态评估指标体系如图 5‑8 所示。

分布式光伏向所接入的配电网送出电能的质量，应满足 GB/T 14549—1993《电能质量　公用电网谐波》、GB/T 24337—2009《电能质量　公用电网谐波》、GB/T 12325—2008《电能质量　供电电压偏差》、GB/T 15543—2008《电能质量　三相电压不平衡》、GB/T 12326—2008《电能质量　电压波动和闪变》的有关规定，通过配置电能质量监测装置实现在线监测。装设应满足 GB/T 19862《电能质量监测设备通用要求》要求的 A 级电能质量监测装置。当分布式光伏发电接入导致电能质量指标不满足要求时，光伏发电侧应安装电能质量治理设备。

（1）分布式光伏以直流（±375V）电压等级接入电网时，电能质量参数包括电压偏

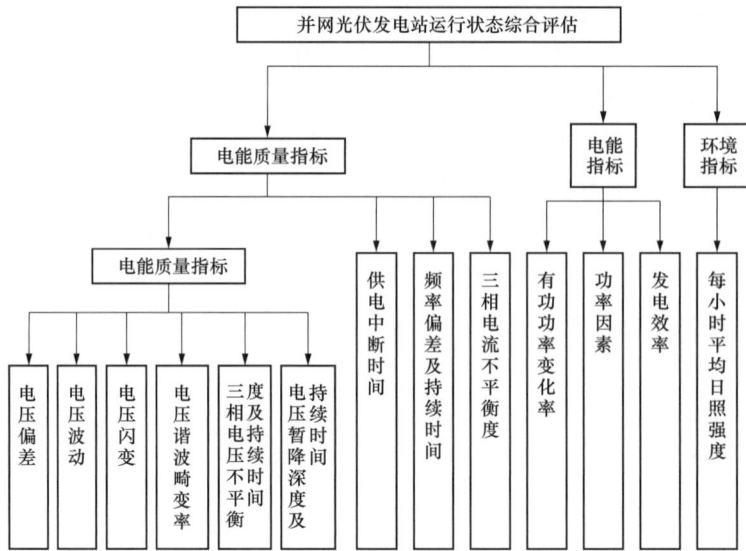

图 5-8　故障状态评估指标体系

差、纹波等。

（2）分布式光伏以交流 220/380V 电压等级接入电网时，电能质量参数包括谐波、电压偏差、三相电压不平衡、电压波动和闪变等。

（3）分布式光伏以交流 10kV 电压等级接入电网时，电能质量参数包括电源频率、三相电压不平衡、电压暂降/短时中断、快速电压变化、谐波/间谐波总谐波畸变率（THD）、闪变、功率因数等，需要在并网点安装电能质量监测装置，变电站内同步对该馈线的电能质量进行监测。

综上所述，对于分布式光伏设备来说，实现并网发电必须满足以下基本要求：

（1）输出电压与电网电压同频、同相、同幅值。

（2）输出电流与电网电流同频。

（3）每相的电压、电流各次谐波符合并网要求。

（4）谐波监测。

目前市场上多数逆变器较容易满足要求（1）和（2）。然而由于逆变器采用高频 PWM 的工作模式，输出电能中不可避免地包含各种谐波分量。当逆变器处于轻载工况时，THD 甚至会达到 20% 以上。因此，对并网光伏设备的电能质量进行实时监控，有助于电网公司判断分布式光伏是否出现故障以及时采取干预措施，保证电网可靠运行。

智能监控系统具备与调度中心实时通信的功能。当调度中心发现某变压器由于故障或者调度需要停电时，立即通过监控系统通知该区域内的并网光伏设备停止并网发电，避免孤岛效应的产生。故障消除后再允许各个光伏设备重新并网发电。当变压器台区内发生故障而导致逆变器检测到孤岛产生时，逆变器除了及时停止并网发电之外，还需通过监控节点把故障信息传送到区域供电所或者调度中心。每个光伏设备智能监控系统还能将电站的信息实时反馈给调度中心，使得调度中心能够更准确地了解并预测电网运行情况。

同时，分布式光伏的布局特点决定了其监控系统必须采取分布式网络结构。每个分布式光伏安装一个监控节点，多个邻近的节点组成一个无线传感器网络。在一个传感器网络中，每个节点都与一个网关相连，以传感器网关实现不同网络间数据的格式转换及路由选择功能。移动运营商提供的移动通信网络具有基础设施好及覆盖范围广等优点，利用移动通信网络连接分布在不同地方（如住宅小区、企业园区）的传感器网络及电网调度中心。

如图 5-9 所示是对电能质量监测的软件操作流程，监测系统启动后系统初始化，随后开始采集信号，对采集到的信号进行消噪及还原；然后计算电压偏差波动、频率偏差及谐波畸变率。当计算结果在越线值内，则亮绿灯示意电能质量正常；如果某一计算结果越限，系统将发出警报，记录该数据并上传至远程监控中心，由远程监控中心下发调节指令。

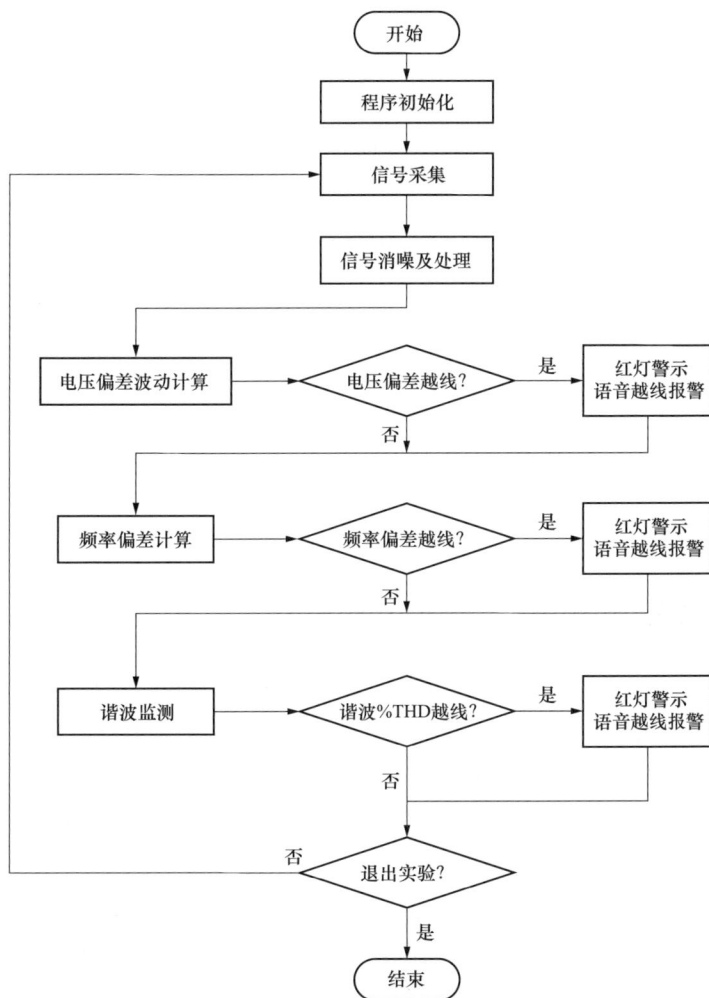

图 5-9　电能质量监控流程

其中，在信号的采集过程中，由于模拟元件 PN 结的散粒噪声及电阻热噪声的存在，高频噪声混入信号对电能质量监测产生一定影响，需要进行消噪处理，基于 Daubechies 4

小波（db4）去噪方法能够有效实现电能质量的干扰信号的定位和检测。

电压偏差是指正常工作情况下，系统中某一节点的实际电压与系统额定电压的差值，电压偏差过大会影响设备的运行状态。电压偏差按式（5-1）计算。

$$\delta U = \frac{U_0 - U_N}{U_N} \times 100\%$$（5-1）

式中　δU——电压偏差；

　　　U_0——实际电压；

　　　U_N——系统额定电压。

频率偏差是指电力系统运行频率与系统额定频率的差值，频率偏差按式（5-2）计算。

$$\Delta f = f_0 - f_N$$（5-2）

式中　Δf——频率偏差；

　　　f_0——系统实际频率；

　　　f_N——系统额定频率。

谐波是指对周期性非正弦交流信号进行傅里叶级数分解后，得到的基波频率整数倍的各次分量。光伏并网装置中含有众多高频设备，产生的谐波会严重影响电器设备工作。

$$H_{RUn} = \frac{U_n}{U_1} \times 100\%$$（5-3）

式中　H_{RUn}——谐波畸变率；

　　　U_n——n 次谐波的电压有效值；

　　　U_1——基波电压有效值。

谐波电压含量 U_N，计算表达式如下：

$$U_N = \sqrt{\sum_{n=2}^{\infty} (U_n)^2}$$（5-4）

5.2.3　数据传输速度

由图 5-2、图 5-3 可知，上位机与下位机之间的通信也是监控系统的重要环节。以往存在配电网各类典型场景对通信通道的需求不一致、不够明晰的情况，有一部分设备无法直接实现互相通信和信息处理。

通常分布式光伏部署距离电力控制中心距离较远，面对长距离的数据传输，更要求数据传输的快速性。常用的通信接口有上文提到的 RS-232 接口和 RS-485 接口。由于 RS-232 接口的距离较短，用于设备自身的调试。现场设备包括逆变器、并网控制器、光伏电池板等工业设备通常都采用 RS-485 接口实现信息传输与控制，因此 RS-485 接口的应用更广泛。其传输距离较远，通常可以达到 1.2km。采用总线传输方式，在一条总线上可以同时挂载 256 个设备，传输速率为 10Mbit/s，若要实现更远的传输距离，可以增加光纤转化器采用光纤传输方式。

目前采用的移动通信方式主要有 4G 通信方式取代，如今我国大部分地区早已普及 4G

网络的部署，手机等智能终端也主要基于 4G 通信方式进行数据传输，随着移动通信飞速发展，当 5G 完全部署时，可以通过换接模块实现 5G 通信。

通信技术是光伏并网远程监控的重要技术节点之一。通信技术一般有有线通信和无线通信两种方式，有线通信方式需要部署专门的通信网络，不同的通信方式其传输距离有所不同，上述 RS‐485 通信总线传输距离在 1km 左右，而以太网的通信距离则只有 100m 左右。分布式光伏接入台区后，所需传输距离并不很远，可以使用有线传输遮方式进行数据传输。

组态软件：

通过组态软件创建上位机用于读取数据和下发指令，MCGS 是常用的组态软件。MCGS是北京昆仑通态自动化软件科技有限公司研发的一套基于 Windows 平台的，用于快速构造和生成上位机监控系统的组态软件系统，主要完成现场数据的采集与监测、前端数据的处理与控制。通过对现场数据的采集处理，以动画显示、报警处理、流程控制和报表输出等多种方式向用户提供解决实际工程问题的方案，可视化操作界面简单灵活，实时性强，且有良好的并行处理性能，在自动化领域有着广泛的应用。MCGS 根据所用场合不同分为嵌入版、通用版和网络版。嵌入版主要以触摸屏为载体，专门针对实时控制而设计，分散在实时性要求高的控制现场中，并非针对集中的数据监测。通用版组态软件主要应用于实时性要求不高的监测系统中，用来做监测和数据后台处理。网络版侧重于数据的共享，用户可以通过标准的 IE 浏览器浏览安装了 MCGS 网络版的服务器，使信息收集更集中，更多部门分享。

通信协议：

为了将光伏设备与相关设备的数据传输，每个远程监控单元需要配置一个通信管理机，各通信管理机通过传输线路入如传输总线或光纤接入主监控系统网络。通信管理机对下采用 Modbus 规约及 RS‐485 通信方式采集各个远程监控单元收集的光伏发电设备信息，并通过 Modbus 与 IEC104 的协议转换，将发电设备的信息经光纤环网接入主站监控。Modbus 是一种串行通信协议，目前是工业领域通信协议的业界标准，并且现在是工业电子设备之间常用的连接方式。

5.3　群控群调网络

单个光伏逆变单元可以根据控制指令实现当前条件下最大功率输出，混合储能元件的引入增强了功率传输的稳定性。由于光伏预测会存在误差，独立运行的分布式光伏的功率总量有可能并不稳定，且随着以新能源为主体的新型电力系统建设和整县屋顶分布式光伏试点工作的快速推进，大量分布式光伏电源、储能、电动汽车等源、荷、储资源接入配电网，源、网、荷、储资源进一步复杂化、多样化，易导致配电网局部反向过载、电压越限，加剧大电网系统调节压力，电网安全运行风险加大。可以通过分布式光伏设备集群的方法协调各个光伏设备子站的光伏发电出力，以实现整体并网功率的尽可能平稳。

大量直流设备应用促使未来配电系统将从传统单纯的交流配电网络进化成交直流混合的配电系统。新形势下，在合适的地点配置互联设备，将传统的辐射状配电网发展为灵活可控的环网状结构，利用灵活资源互补特性，实现网格单元内能量平衡，提升源、荷资源接入能力，提高系统运行可靠性和资源利用效率，如图 5-10 所示。

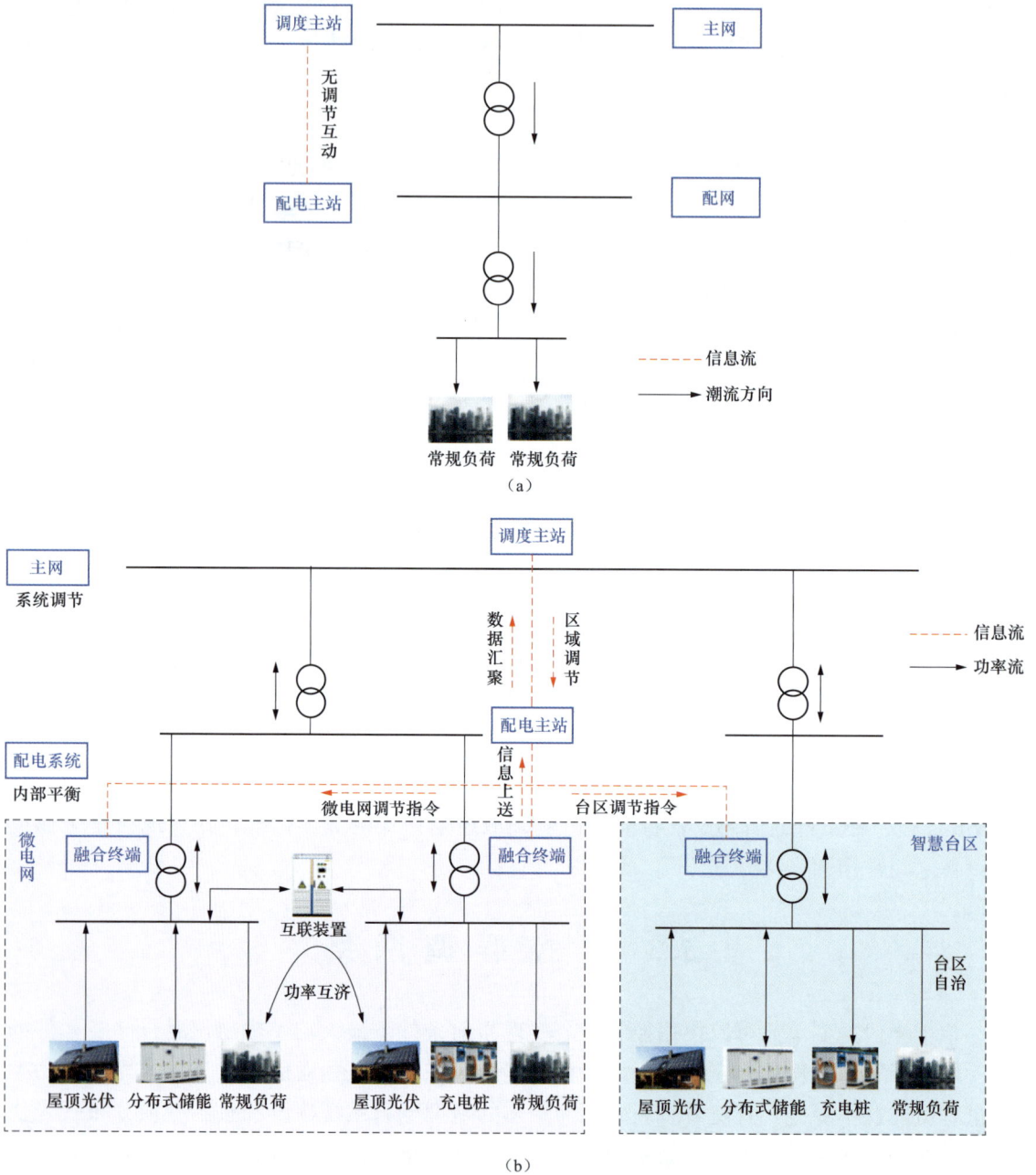

图 5-10　主配电网关系示意图

（a）传统配电网与主网关系；（b）新型配电网与主网关系

随着新型配电系统的建设，主网与配电网之间将逐步向相互协调、相互支撑的方向发展。为了从源头解决整县分布式光伏、大量电动汽车等对电网的影响，适应分钟-小时级的大电网调峰、区域配电网电量平衡、台区内部功率互动等需求，应在电网实时、全面观测的基础上，充分利用分布式光伏、储能、充电桩、柔性互联等可控资源，构建群控群调体系，如图 5-10 所示，实现不同时间尺度分层分区域调节，提升整县光伏接入新型配电系统的灵活性，减轻主网调节压力，保证电网安全可靠高效运行。

基于基准站和聚类分析的光伏实时出力示意图如图 5-11 所示。

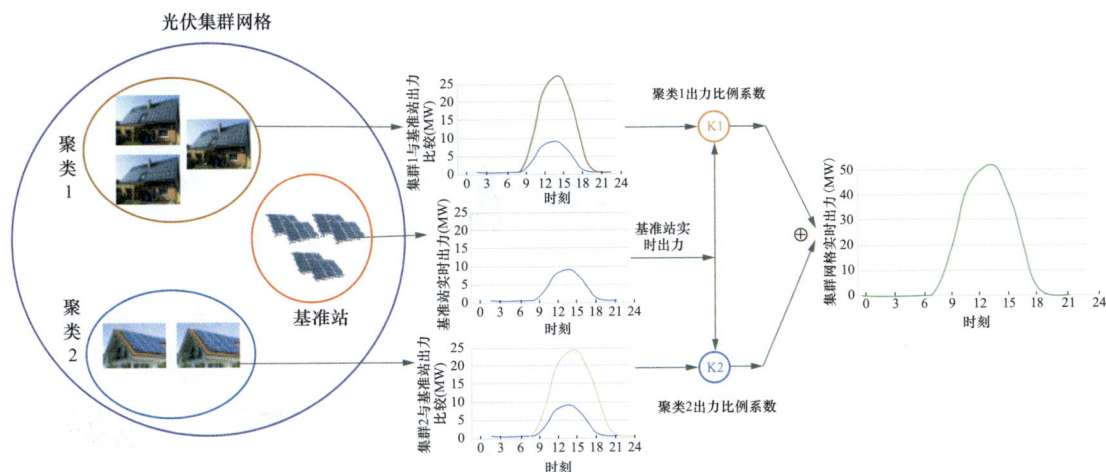

图 5-11　基于基准站和聚类分析的光伏实时出力示意图

群控群调网络的建立基于基准站获取被控区域的详细信息，以达到可观可控的目的。

基于基准站的光伏可观思路如下：

（1）结合电网行政区域和配电网网格情况划分分布式光伏集群网格。

（2）每个集群网格设置 1～2 座基准光伏站，调度主站通过分布式光伏监控系统实时采集基准站光伏运行信息。

（3）通过聚类分析将集群网格内光伏按出力特征分类，计算每类特征分布式光伏与基准站的出力占比系数（基准站出力与每一类光伏总出力的比值）。

（4）根据基准站占比系数推算出集群网格内光伏实时总出力，实现全省分布式光伏的实时可观。

基于基准站的光伏可测思路如下：

（1）结合基准站的气象数据和历史出力曲线，采用人工智能方法训练基准站出力预测模型。

（2）通过未来气象数据（NWP 数据）和出力预测模型计算出基准站短期/超短期出力曲线。

（3）通过基准站的出力占比系数推算出集群网格光伏短期/超短期出力曲线，实现全省分布式光伏的准确可测。

可控可调方面，基于分层控制模式，采用虚拟电厂调节和智慧台区自治相结合的方式，实现分布式光伏等可调资源的可控可调。

分布式光伏调控可与储能及其他可调资源综合考虑，按照调度、配电、台区的层次架构逐级调控。分布式资源群控群调架构示意图如图 5-12 所示。

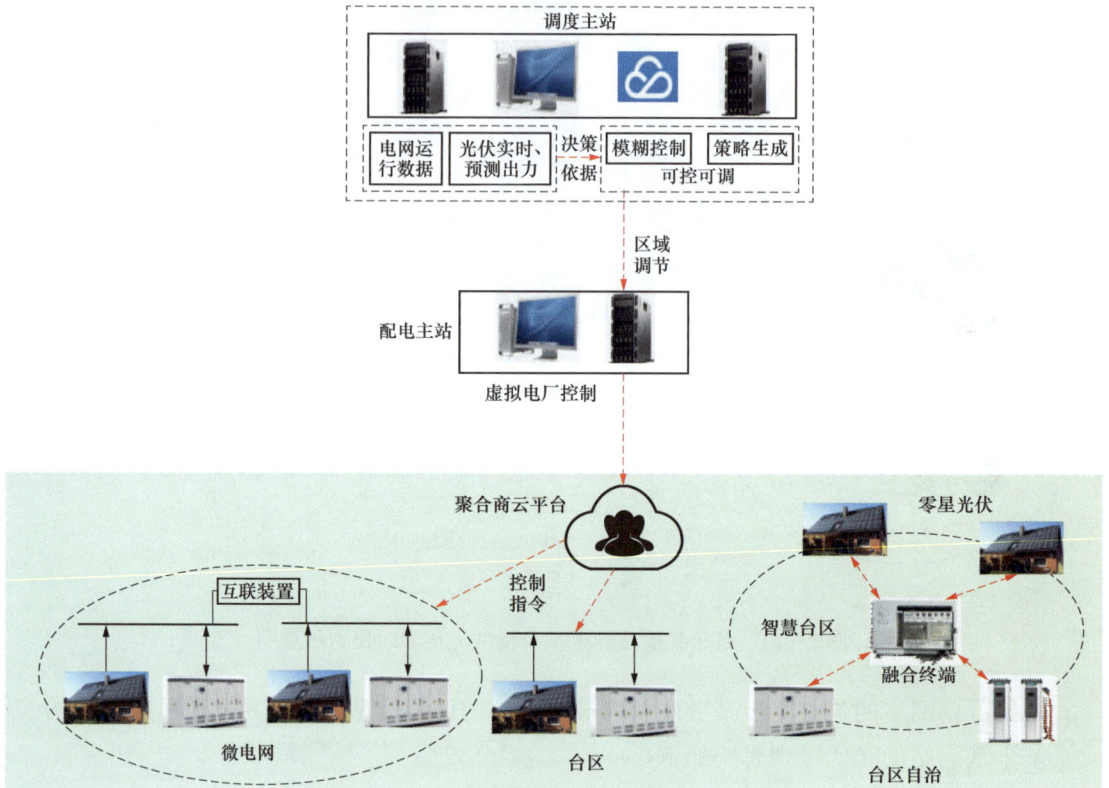

图 5-12 分布式资源群控群调架构示意图

调度层：调度主站结合电网运行数据和远程监控单元发送的光伏实时出力、结合预测出力情况，按照县域或者供电分区生成光伏调控策略，并下发至配电主站，实现区域间配电网间电量平衡和功率互济。

配电层：针对大批量分布式光伏，综合能源服务商将分布式光伏和储能等可调资源以虚拟电厂形式汇聚接入调度系统，配电主站采用虚拟电厂调节模式，将每个综合能源服务商视为一个可调控虚拟电厂，下发调控指令至综合能源服务商平台，由其实现对所管辖的可调资源进行调控，满足电网调峰、区域平衡需求。

台区层：针对台区容量较小的零星分散分布式光伏，可结合分布式储能、电动汽车等资源构建智慧台区，融合终端采用台区自治调节模式，通过分布式光伏监控系统控制光伏并网智能断路器、调节光伏/储能逆变器等方式，实现光伏分钟级控制和调节，满足台区内部就地平衡和消纳需求。

5.4　工　程　实　现

目前江苏省已经完成扬中整县屋顶分布式光伏群控群调的试点建设，该项目的实现在一定程度上体现分布式光伏的监控系统的优势，群控群调的建设有效实现了对新能源的充分利用和台区观测调控与能源消纳。群控群调硬件架构示意图如图 5-13 所示。

数据采集方式：

根据光伏容量大小，小型户用光伏只考虑与智慧开关进行直接通信，容量较大的工商业光伏用户通过光伏通信终端与光伏逆变器接口以及智慧开关进行通信，采集光伏逆变器或智慧开关的数据，并利用通信网关将这些数据汇集后传送至综合能源服务商的云平台。

通信方式：南向（站内）通过 RS-485、IORa、Wi-Fi、网线、载波等方式组网；北向（主站）通过无线专网/4G 公网通信。

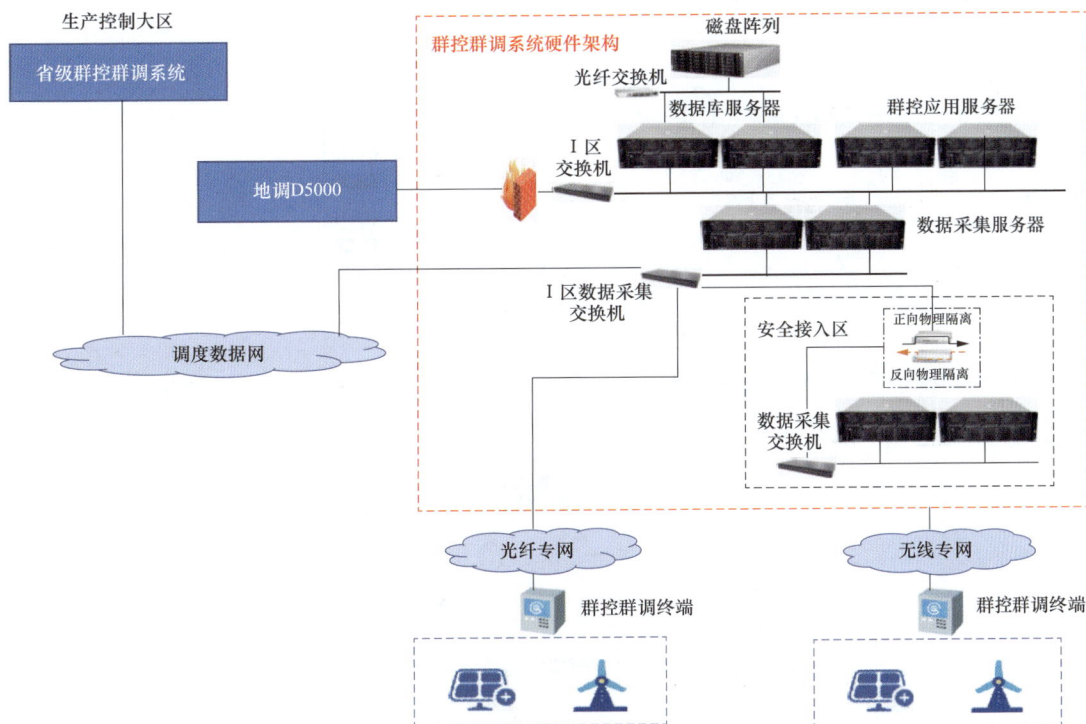

图 5-13　群控群调硬件架构

区域内电源包含 110kV 联合变压器新生 1L31 线、联南 1L14 线、联北 1L25 线、联春 1L42 线及新坝变压器的胶线 165 线，另外新储 170 线、坝储 167 线为储能专线，华鹏 166 线为专用变压器用户。区域包含工商业园区、党政机关、学校及居民区，总计 274 台配电变压器，融合终端改造情况良好，基本具备区域无线公网传输能力。区域前期已建成面向新型城镇的区域综合能源协调控制系统，综合能源协调控制系统的通信采用有线光纤及无线 4G 等通信方式。无线专网接入类业务通过安装无线终端，实现信息的采集，汇聚至市公司无线系统主站，再转发至综合能源协调控制系统安全控制区；无线公网及有线光纤接入类业务通过原有业务系统转发至综合能源协调控制系统安全控制区。

采用"集中＋分层"的控制模式，利用智能融合终端作为台区光伏资源调控代理模块，汇集台区光伏发电信息，通过无线专网与区域协调控制系统进行双向信息交互（对于通过 10kV 专线接入的用户，用户内部安装智能融合终端，实现内部光伏资源信息整合，通过无线专网与区域协调控制系统进行双向信息交互）；区域协调控制系统作为光伏资源调控中间代理模块，汇集区域内所有融合终端上传的光伏发电信息，通过现有的区域协调控制系统与调度主站之间通信通道与调度主站进行双向信息交互；具体实施方案如下：

光伏群调群控系统架构如图 5-14 所示，融合终端通过低压电力线载波与光伏通信终端双向通信，采集光伏运行信息，同时通过布置微气象传感器采集微气象数据，通过无线专网上送至区域协调控制系统，区域协调控制系统将光伏运行信息通过安全接入区上送至调度自动化系统。

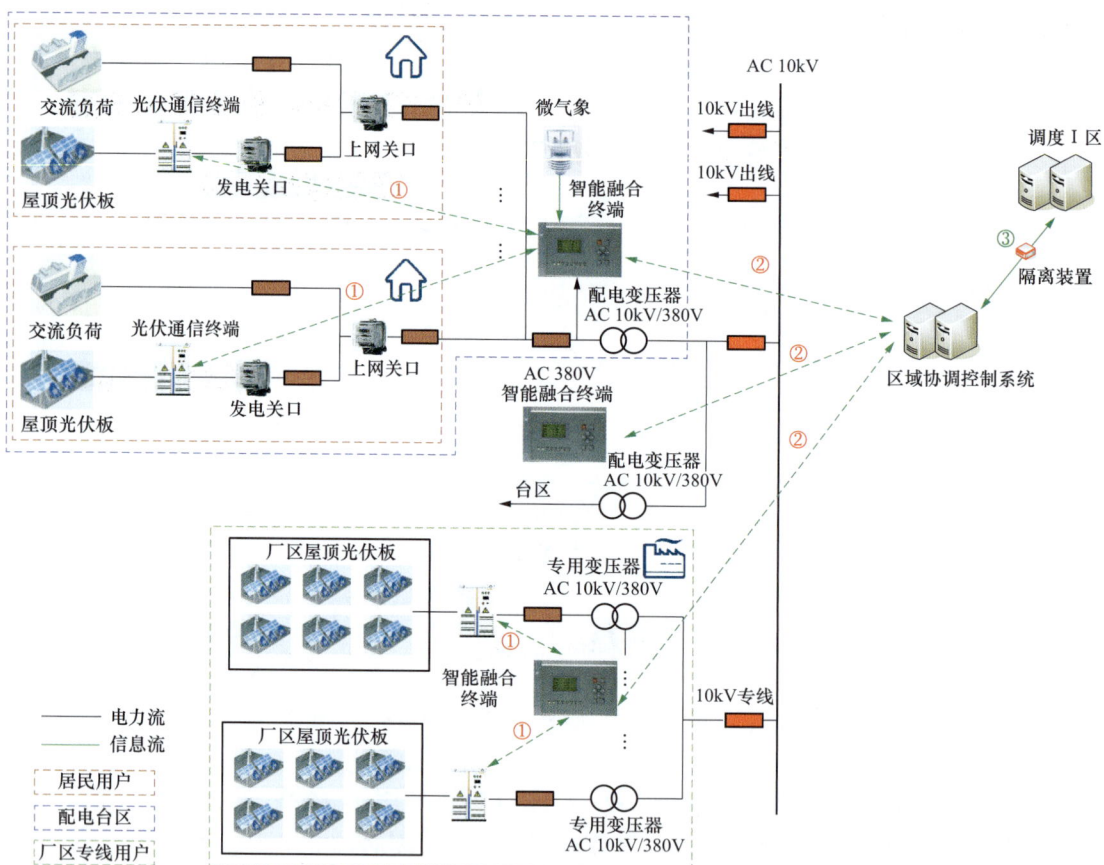

图 5-14 光伏群调群控系统架构

在远程监控中心的调度自动化系统部署分布式光伏群控群调应用功能，支撑全县域分布式光伏系统的友好控制，降低分布式光伏出力波动性对电网的不利影响，并逐级下发调节指令至分布式光伏逆变器。其中调度主站以变电站 10kV 出线为调节对象，区域协调控制系统以台区为调节对象，融合终端以分布式光伏单元为调节对象，光伏通信终端作为执行单元调节光伏逆变器，实现区域分布式光伏"集中＋分层"群控群调。

分布式光伏运行信息上送到远程监控中心的调度主站：光伏通信终端汇集本区域屋顶光伏运行信息，智能融合终端汇集本台区光伏运行信息，区域协调控制系统汇集 10kV 线路所有台区光伏运行信息，经隔离装置传送至调度主站，调度主站汇集管辖范围内分布式光伏运行信息。

调度主站下发调节指令信息：调度主站综合全网运行信息计算出 10kV 线路调节目标值或接收上级调度指令接收目标值，发送至区域协调控制系统，区域协调控制系统将 10kV 线路目标值进行分解至台区，同时根据自身设定的 10kV 出线过载判据，计算各台区的功率目标值，取更有利于电网稳定的目标值下发至融合终端，融合终端依据光伏调节策略和自身台区过载判据生成面向光伏逆变器的调节指令，最后由光伏通信终端调节光伏逆变器发电出力。

第6章

高渗透率光伏接入后配电网保护配置

当分布式光伏接入配电网时，配电网结构由传统的单电源供电变为多电源供电，配电网中的故障形式和故障情况也与传统电网产生差异。虽然对光伏系统接入配电网的预测和承载力分析能够在一定程度上减少故障情况的发生，但是难免会发生无法预料的情况，因此需要对光伏接入配电网的保护进行分析和配置，最大限度地减少故障及其影响。本章从分布式光伏对配电网保护的影响分析开始介绍，阐述具有分布式光伏的配电网保护方法，并以整县光伏对继电保护影响仿真分析为例进行说明。

6.1 高渗透率光伏接入对配电网保护影响分析

6.1.1 含有分布式光伏的配电网故障电流计算

将光伏电源等效为压控电流源模型，由于光伏电源的输出呈非线性，传统等效模型分析方案已经不再适用，需要一种含光伏电源的配电网的故障分析方法。

无论分布式光伏 T 型接入还是从母线接入，都是改变配电网结构，潮流方向、短路电流亦随之发生变化。而原配电网保护的设计是依据原有配电网结构为基础设计，发生故障地点不同，短路电流的变化情况亦不相同。对于分布式光伏 T 型接入的主要分为故障发生在系统电源进线侧和非系统电源进线侧。其中非系统电源进线侧，对于 T 型结构又可分为故障发生在分布式光伏接入所在线路和分布式光伏接入相邻线路。进一步对于故障发生在分布式光伏所在线路又可细分为故障发生在分布式光伏与等效系统电源之间和发生在分布式光伏和负载之间两种情况。

而对于分布式光伏通过母线接入主要可分为故障发生在系统电源进线侧和非系统电源进线侧两种情况。对于以上分类主要依据故障地点的不同，每种分类影响不同的线路保护。

1. 故障发生在系统电源进线侧

（1）分布式光伏 T 型接入。当故障发生在系统进线侧时，此时配电网络由单端电源网络变成双端电源网络，甚至是多端电源网络。等效系统电源和分布式光伏同时向故障点提供短路电流，进而影响故障线路上的保护。此时可以以图 6-1 典型网络考虑。

故障电流的流经途径：当 K1 点发生故障时，此时网络由传统的单端辐射网络变成双端电源网络。等效系统电源提供的短路电流和未接入分布式光伏前一样经过保护 1 流向故障点。分布式光伏提供的短路电流经过保护 3，接着流过保护 2 最后流向故障点。

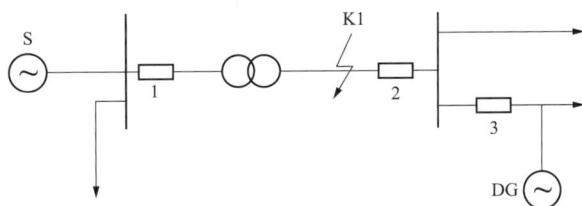

图 6-1　分布式电源 T 型接入上游故障分析

以等效系统电源为正方向，此时分布式光伏的存在不影响故障点以前的故障电流，亦即不影响故障点以前的保护动作。而由于分布式光伏的存在，向故障点提供短路电流，影响故障点和分布式光伏故障线路之间的保护。可计算此时保护 I 处的三相短路电流为

$$I_1 = \frac{1}{X_S + X_T + X_L} \qquad (6-1)$$

式中　I_1——保护 1 处的三相短路电流（A）；

X_S——系统等效电源电抗（Ω）；

X_T——变压器短路电抗（Ω）；

X_L——故障点上游线路电抗（Ω）。

保护 2 和保护 3 处的三相短路电流为

$$I_{2,3} = \frac{1}{X_{DG} + X_L'} \qquad (6-2)$$

式中　$I_{2,3}$——保护 2、3 处的三相短路电流（A）；

X_{DG}——分布式光伏系统等效电抗（Ω）；

X_L'——故障点与保护装置间线路电抗（Ω）。

由上可知在 K1 点故障时，分布式光伏的接入，保护 1 处的短路电流不变，而保护 2 和保护 3 处在未接入分布式光伏时无电流，此时由于分布式光伏的接入保护出现了短路电流。

（2）分布式光伏通过母线接入。此时单端辐射状电源配电网络变成双端供电网络。分布式光伏和系统等效电源同时向故障点提供短路电流，影响线路上的保护动作。分布式电源通过母线接入上游故障分析如图 6-2 所示。

故障电流的流经途径：由于 K1 点故障发生位置，此时单端辐射状电源配电网络变成双端供电网络。等效系统电源提供的短路电流和未接入分布式光伏前一样通过线路经过保护 4 向故障点提供短路电流。接在母线上的分布式光伏提供的短路电流经过保护 5 向故障点流入。此种情况和（1）中情况类似，仅是少影响了一个母线前保护。

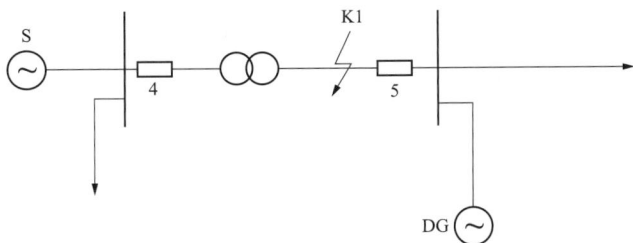

图 6-2　分布式电源通过母线接入上游故障分析

同上类似，分布式光伏的存在不影响故障点以前的保护，但由于分布式光伏的存在，在故障点和分布式光伏间的故障线路上出现短路电流，因此会影响他们之间的保护。可计算保护 4 中的三相短路电流为

$$I_4 = \frac{1}{X_S + X_L} \tag{6-3}$$

保护 5 处的三相短路电流为

$$I_5 = \frac{1}{X_{DG} + X'_L} \tag{6-4}$$

分布式光伏的接入不影响保护 4 处短路电流的大小，同样在保护 5 处在未接入分布式光伏时不存在短路电流，而在分布式光伏接入后出现短路电流。

2. 故障发生在非系统电源进线侧

(1) 分布式光伏 T 型接入。对于分布式光伏 T 型接入的配电网，当故障发生在非系统电源进线侧时，根据故障发生位置不同，分布式光伏接入对配电网短路电流影响不同，对保护的影响也不同，可细分为三种情况：短路点在 K1、短路点在 K2、短路点在 K3。在这三种情况下分别讨论对相应保护的影响。同时假定分布式光伏在线路 L1 上距 10kV 母线 x km 处接入。分布式电源 T 型接入下游故障分析如图 6-3 所示。

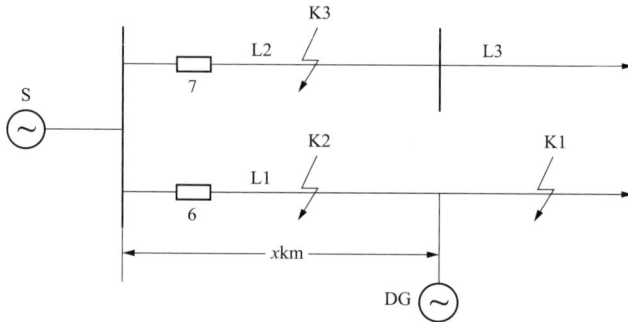

图 6-3　分布式电源 T 型接入下游故障分析

1) K1 处发生短路故障。故障电流流经途径：K1 点发生故障时，网络结构变双电源网络。等效系统电源和分布式光伏同时向短路点提供电流。其中系统等效电源通过 10kV 母线，经保护 6，沿线路 1 向短路点提供短路电流。分布式光伏提供的短路电流则经过变压器最后沿线路向故障点提供短路电流。由于分布式光伏的存在，保护 1 处的短路电流会发生变化，最终影响保护动作。

分布式光伏接入后，K1 点发生三相故障时，保护 6 处的电流值为

$$
\begin{aligned}
I_6 &= \frac{1}{(X_S + bX_1) \parallel X_{DG} + (x-b)X_1} \times \frac{X_{DG}}{(X_S + bX_1) \parallel X_{DG}} \\
&= \frac{1}{X_S + bX_1 + (x-b)X_1 \times \left(\dfrac{X_S}{X_{DG}} + \dfrac{xX_1}{X_{DG}}\right)}
\end{aligned} \tag{6-5}
$$

式中　X_S+bX_1——主网侧等效阻抗（系统阻抗＋线路部分阻抗）；

　　　　X_{DG}——分布式光伏等效阻抗；

　　　　b——保护点到主网的距离比例（$0\leqslant b\leqslant 1$）；

　　　　x——故障点到主网的距离比例（$b\leqslant x\leqslant 1$）。

接入分布式光伏前 K1 点发生故障时，保护 6 处的电流值为

$$I'_6=\frac{1}{X_S+bX_1} \tag{6-6}$$

由于 x 始终大于 b，则 I_6 的分母始终大于 I'_6 的分母，故 $I_6<I'_6$。此时在 K1 点发生故障，对于保护 6，引入分布式光伏后所测得的电流小于未引入分布式光伏前所测的短路电流，进而影响保护 6 处的动作。所以在 K1 点故障时，分布式光伏的存在会使系统等效电源和故障点之间的线路上的短路电流变小，影响故障线路上的保护。

2）K2 处发生短路故障。故障电流流经途径：当 K2 处发生短路故障时，此时网络由单端电源网络变成双端电源网络，系统等效电源和分布式光伏从故障点两端向故障处提供短路电流。等效电源提供的短路电流从系统经 10kV 母线 A 流过保护 6。而分布式光伏直接经线路直接向故障点提供短路电流。此时分布式光伏的接入只会对保护 6 产生影响。可以略去其他的保护。

但是对于保护 6 而言，分布式光伏的接入只是增大故障处的短路电流，不会明显增大保护 6 处测得的短路电流。所以当 10kV 母线 A 和分布式光伏接入间发生短路时，分布式光伏的介入对保护 6 不会产生影响。当故障发生在分布式光伏所在线路，介于系统等效电源和分布式光伏之间时，此时分布式光伏的接入不会对系统三段式电流保护产生明显的影响。

3）K3 处发生短路故障。故障电流流经途径：当 K3 处发生短路故障时，短路点短路电流由系统等效电源和分布式光伏共同提供，短路电流从系统处开始，经 10kV 母线 A，流过保护 7，可能会影响保护 7 的动作，而分布式光伏提供的电源流经途径经过保护 6，再经过 10kV 母线 A，流过保护 7，也可能影响保护 6 和保护 7 动作。分别讨论对保护 6 和保护 7 的影响：

a. 对保护 6 的影响：对保护 6 的影响主要源于分布式光伏向故障点提供短路电流，若规定电流正方为母线向线路流通，则此时流过保护 6 的电流为负方向电流，即从线路流向母线。若如（1）中假设，线路单位阻抗为 X_1，系统电源等效阻抗为 X_s，分布式光伏的等效阻抗为 X_{DG}，故障 K2 点距 10kV 母线 b 处。则此时 K3 点三相短路时，保护 6 所测的三相短路电流 $I_{6,K3}$ 为

$$I_{6,K3}=\frac{1}{X_s\parallel(X_{DG}+xX_1)+bX_1}\times\frac{X_s}{X_s+xX_1+X_{DG}} \tag{6-7}$$

而未接入分布式光伏时，K3 点故障时保护 6 处的三相短路电流值为 0。可见由于分布式光伏的存在，本来不存在故障电流的保护 6 处，出现短路电流。若假设电流正方向为母线流向线路，易知此故障电流为负值。此类故障发生时，在母线和分布式光伏之间的线路

上出现负方向的短路电流，进而影响线路上保护的动作。

b. 对保护 7 的影响：K3 段路时，系统等效电源和分布式光伏同时向短路点提供短路电流，会增大短路点短路电流，保护 7 处所测的短路电流也同时会增大。这样带来的正面影响是会提高保护灵敏性；负面的影响是由于短路电流的增大，保护末端发生短路时，保护可能误动作，进而丧失选择性。分布式光伏的接入后，保护 7 此时所测得三相短路电流 $I_{7,\text{K3}}$ 为

$$I_{7,\text{K3}} = \frac{1}{X_s \parallel (X_{\text{DG}} + xX_1) + bX_1} \tag{6-8}$$

而未接入分布式光伏时，K3 点发生三相故障时，此时保护 7 处的三相短路电流 $I'_{7,\text{K3}}$ 为

$$I'_{7,\text{K3}} = \frac{1}{X_s + bX_1} \tag{6-9}$$

比较式（6-8）和式（6-9）分母，由于在接入分布式光伏后，存在分布式光伏等阻抗，此时分母中系统阻抗与分布式光伏等效阻抗并联后再与线路阻抗串联，则此时的阻抗明显小于未接入分布式光伏前的阻抗。即此时保护 7 所测得到三相短路电流大于未接入分布式光伏前的保护 7 所测的三相短路电流。综上所述，故障发生在分布式光伏引入线路的相邻线路时，会影响本线路的分布式光伏和系统母线之间的保护和相邻线路的保护。

对于分布式光伏 T 型接入的配点网络，由于结构上复杂，故障点发生在不同位置，分布式光伏的存在影响不同的保护，有时是本线路的保护，有时是相邻线路保护，或是对二者均有影响，或是没有影响。因此对故障电路的影响因具体情况具体分析。

（2）分布式光伏通过母线接入。分布式光伏通过母线接入时，此时网络可分为两个部分：分布式光伏与系统等效电源之间部分和分布式光伏和负载之间部分。当故障发生在非系统电源进线侧时，即发生在分布式光伏和负载之间，情况比较单一。分布式光伏通过母线接入时故障分析如图 6-4 所示，现以图 6-4 为情况讨论此种影响。

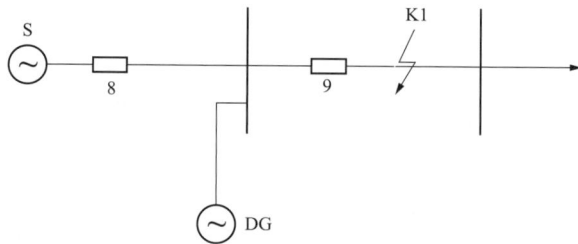

图 6-4　分布式光伏通过母线接入时故障分析

故障电流流经途径：当 K1 点发生故障时，分布式光伏和系统等效电源同时通过母线向故障点提供短路电流。二者故障电流在线路 1 上汇聚再向故障点流入，此时会改变保护 9 处的故障电流。但是由于分布式光伏的存在，此时保护 9 上的短路电流也将发生变化，此种情况类似（1）中 K1 点发生故障，仅仅是此时分布式光伏接在母线上，x 为 0。K1 点

发生三相短路故障时，保护 8 处的短路电流 $I_{8,\text{K3}}$ 为

$$I_{8,\text{K3}} = \frac{1}{X_\text{s} \parallel X_\text{DG} + bX_1} \times \frac{X_\text{DG}}{X_\text{s} + X_\text{DG}} \qquad (6-10)$$

保护 9 处的短路电流 $I_{9,\text{K3}}$ 为

$$I_{9,\text{K3}} = \frac{1}{X_\text{s} \parallel X_\text{DG} + bX_1} \qquad (6-11)$$

未安装分布式光伏前，K1 点发生三相短路故障时，保护 8 处和保护 9 处所测得的短路电流 $I'_{8,\text{K3}}$ 和电流 $I'_{9,\text{K3}}$ 为

$$I'_{8,\text{K3}} = I'_{9,\text{K3}} = \frac{1}{X_\text{s} \parallel X_\text{DG} + bX_1} \qquad (6-12)$$

比较保护 8 处接入分布式光伏前后的 K1 点三相短路故障时短路电流，因为 $I'_{8,\text{K3}}$ 的分母比 $I_{8,\text{K3}}$ 的分母大，则 $I_{8,\text{K3}}$ 值比 $I'_{8,\text{K3}}$ 要小。即分布式光伏接入后保护 8 处的故障电流要比未接入分布式光伏前保护 8 处的故障电流较小。

比较保护 9 处接入分布式光伏前后的 K1 点三项短路故障时短路电流，因为 $I_{8,\text{K3}}$ 的分母上是系统等效电抗与分布式光伏等效电抗并联，因此 $I_{8,\text{K3}}$ 值大于 $I'_{9,\text{K3}}$ 的值，即接入分布式光伏后保护 9 处的故障电流值大于未接入分布式光伏前保护 9 处的故障电流。

综上所述，当分布式光伏通过母线接入时，且故障发生在非系统电源进线侧时，在分布式光伏接入母线之前的保护所测得故障电流均小于未接入分布式光伏保护处的故障电流。而在分布式光伏所接入的母线与故障点之间线路上的保护处的故障电流均大于未接入分布式光伏之前保护的故障电流。

分布式光伏接入配电网后，配电网结构由原单侧放射状链式结构变为遍布电源的复杂结构，因此潮流不再单纯是从电源侧单向流向负载，而是会受到分布式电源接入位置及容量的影响而发生改变，具体来看如果 PV 接入的配电网节点负荷量整体大于其输出量时，PV 就近向负荷提供电能，系统提供的能量可以减少，从而使系统的损耗降低。如果 PV 的容量大于系统负荷，PV 将向系统端输送电能，这反而会增加配电网的功率的损失。

系统潮流的单向流动性是传统配电网保护的主要依据，且大多数故障为瞬时故障，通常将保护装置设在线路单侧，故障发生后可对线路进行重合闸。各线路之间通过上下级的三段式保护相互协调，同时又与重合闸装置相协调，以实现线路的保护。而当 PV 并入配电网后，可能会给原来的继电保护带来问题。

由于分布式光伏并入配电网的容量及位置等关系，对于同一点故障，当 PV 位于线路的故障点上游时，其所在线路下游保护检测到的故障电流增大，而上游继保检测到的短路电流有所减小，这将导致 PV 所在线路的下游继电保护的保护范围增大，而上游的后备保护范围减小，可能使其丧失选择性。当 PV 处于故障的下游或者是其他相邻的馈线位置时，它将向上游提供反向的短路电流，这就可能会使其所在线路的主保护误动作。

PV 接入配电网后使配电网的电压发生变化，主要影响为：配电网在正常运行的情况下，节点电压会沿线路上潮流的流动方向依次降低，而 PV 会对接入节点的电压有抬高作

用，具体与 PV 的容量和接入位置有关。若多个 PV 分散接入系统将比集中接于单个节点对系统的电压支持效果更明显。当系统的电压由于负荷的有功、无功变化出现波动时，PV 需要根据负荷变化情况调整自身的输出，从而减小系统电压的波动，但是一些 PV（如光伏电池或风能发电等），受自然条件的制约较大，故较难与系统配合运行，此时将可能使网络的波动更为严重。

PV 由于多采用备用电源分散并网的方式，可以就近向负荷供电，且投切较为灵活，因此可以提高系统供电的可靠性、稳定性，能够提高电能质量。但随着电力电子设备在电力系统中的应用，分布式并网也用到了大量电力电子器件，这些非线性元件运行会产生谐波导致电网的电流和电压发生畸变，对电网造成谐波污染；此外 PV 的投切或输出功率的突然变化，会引起电压波动、闪变，以及频率波动等问题，影响电网的电能质量，同时也会降低系统的可靠性。

6.1.2 对电流保护的影响

一般 10kV 馈线上的保护采用传统三段式电流保护方案：瞬时电流速断保护、定时限电流速断保护和过电流保护，并根据变压器是否接地设置零序电流保护。

三段式电流保护的动作特点：电流速断保护按照躲过本线路末端短路时流过保护的最大短路电流整定，瞬时动作切除故障，但不能保护线路全长；定时限电流速断保护按照本线路末端故障时有足够灵敏度并与相邻线路的瞬时电流保护配合的原则整定，能保护本线路全长；过电流保护按照躲过本线路最大负荷电流并与相邻线路过电流保护配合的原则整定，能保护本线路及相邻线路的全长。对于不需要与相邻线路配合的终端线路，一般采用瞬时电流速断保护加过电流保护组成的二段式保护。

根据光伏接入的位置和保护动作的特点，分析对配电网的保护影响如下。

1. 分布式光伏接在配电网馈线始端的情况

如图 6-5 所示，分布式光伏系统接在馈线始端的母线上时，仅等同于增大了系统侧的容量，因此当 K1、K2、K3 发生故障时，PV 会提供注增电流。根据 PV 容量大小来考虑其对各个保护的影响。

（1）如图 6-6 所示，当 K1 处发生故障，系统提供的短路电流由保护 3 动作切除，而 AB 段馈线末端没有保护，PV 会向故障点提供反向短路电流，并且向下游负荷供电形成孤岛运行。

（2）当 K2 处发生故障时，PV 会对通过下游保护的短路电流起到助增作用，使得保护 2 的电流速断保护的保护范围延长，降低灵敏度。如果保护范围延伸到 CD 段馈线上，有可能使保护 1 失去配合，影响保护的选择性。同时 PV 还会对通过上游保护的短路电流起到分流作用，流过保护 3 的短路电流会减小，保护范围缩短，有可能使保护 3 拒动。

（3）当 K3 处发生故障时，PV 会向系统母线提供反向短路电流，假如保护 3 没有方向元件的话，将有可能会误动。同时 PV 还会增加保护 4 流过的短路电流，影响其保护范围和灵敏度。

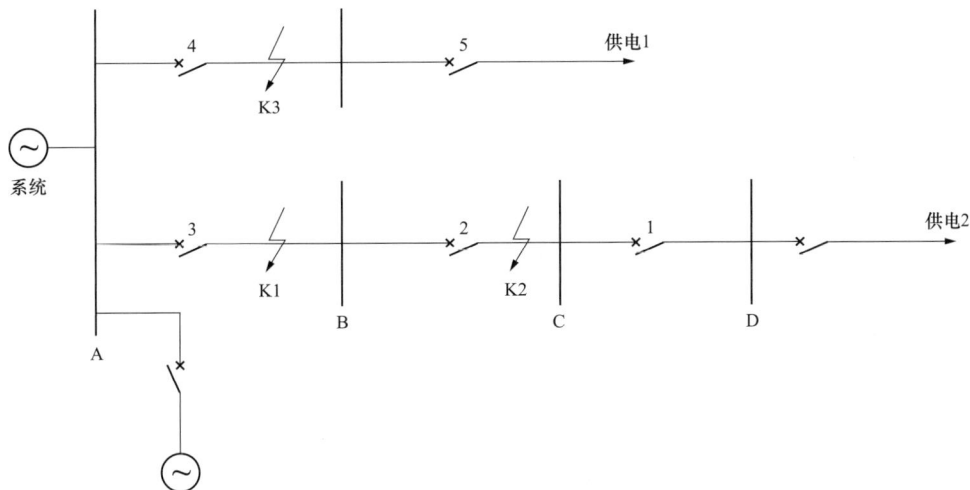

图 6-5　PV 处于配电网馈线中端某母线上的情况

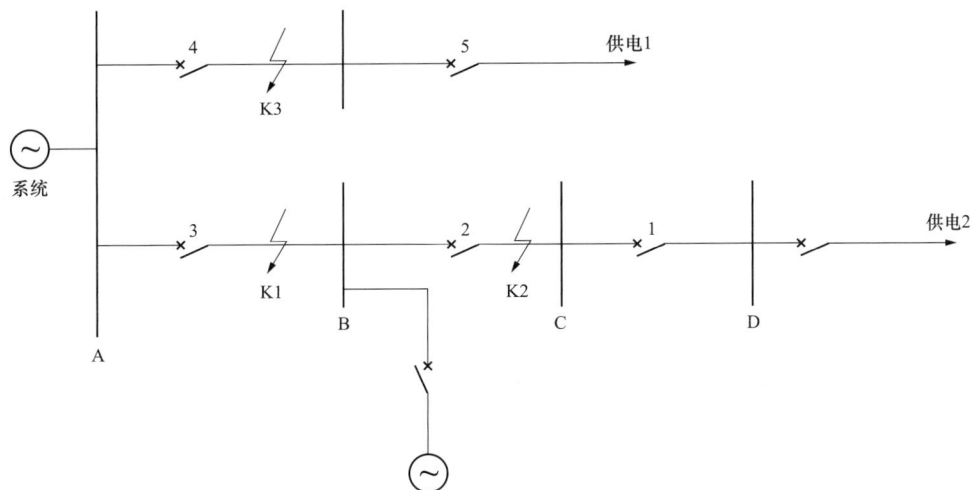

图 6-6　PV 处于配电网馈线中端系统

2. 分布式光伏接在配电网馈线末端的情况

（1）PV 处于配电网馈线末端系统如图 6-7 所示，当 K1 或者 K2 发生短路故障时，PV 会向上游保护提供反向的短路电流，假如保护没有方向元件的话，并可能会引起这三个保护的误动，影响保护的灵敏度，失去选择性。

（2）当 K3 处发生短路故障时，PV 除了在本线路提供的反向电流外，还会增加相邻线路的短路电流。保护 1、2、3 有可能会误动，失去选择性。保护 4 流过的故障电流会增大，有可能会使保护范围延长，与保护 5 失去配合，无法保证选择性。

3. PV 接入环状配电网

城市配电网中有一小部分网络采用手拉手的环状配电网结构以提高供电可靠性，如图 6-8 所示，DG 通过变压器接入配线路，原有的双端电源供电网络变为多端供电，保护配合和协调变得更加复杂。若 K 处发生故障，右侧保护受系统提供短路电流影响，保护

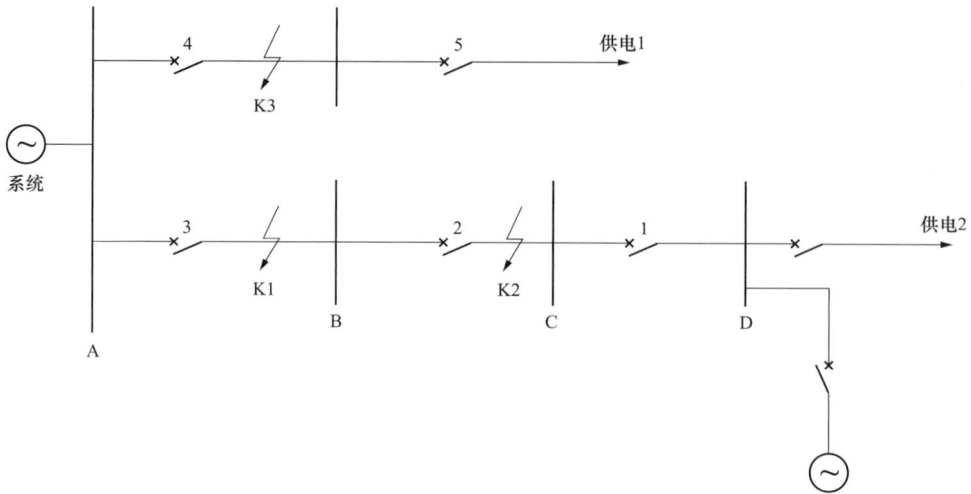

图 6-7　PV 处于配电网馈线末端系统

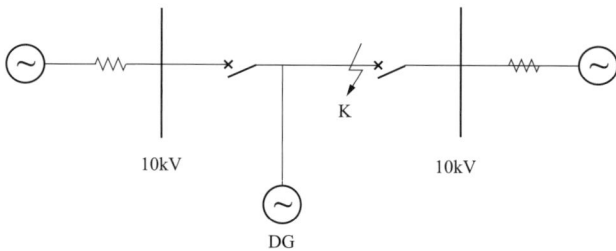

图 6-8　PV 手拉手接入环网

能够正常动作，左侧保护受到 DG 对短路电流的分流影响，使保护检测到的故障电流值要小于故障点实际值，保护可能会拒动。假如 PV 没有孤岛保护的话，会持续对短路点输送电流，有可能使 PV 系统损坏。

6.1.3　分布式光伏对零序保护的影响

电网发生故障后，光伏逆变器迅速调节输出电流跟踪参考电流达到故障稳态，在此故障稳态时刻，系统电源为恒压源，光伏受控电流源达到一个相对的稳态，可视作恒流源，因此，系统电压源和光伏电流源综合作用的等效电源如图 6-9 所示。

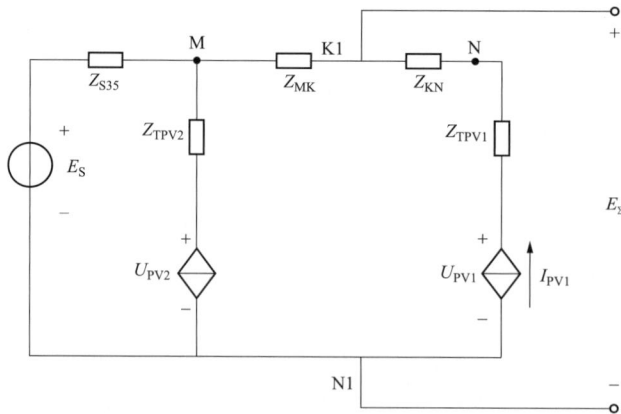

图 6-9　系统电压源和光伏电流源综合作用的等效电源

利用叠加定理可以分别求出系统电源 E_S 和光伏分布式光伏 I_{PV1}、I_{PV2} 单独作用时的等效电源，即可得系统故障时序网的综合电源 E_Σ。光伏电流源 I_{PV1} 独立等效图如图 6-10（a）所示。其中，$Z_{PV1}=Z_{S35}+Z_{MK}$、$E_{PV1}=Z_{PV1}I_{PV1}$。同理可得 $Z_{PV2}=Z_{S35}$、$E_{PV2}=Z_{PV2}I_{PV2}$，因此 $E_\Sigma=E_S+Z_{PV1}I_{PV1}+Z_{PV2}I_{PV2}$。

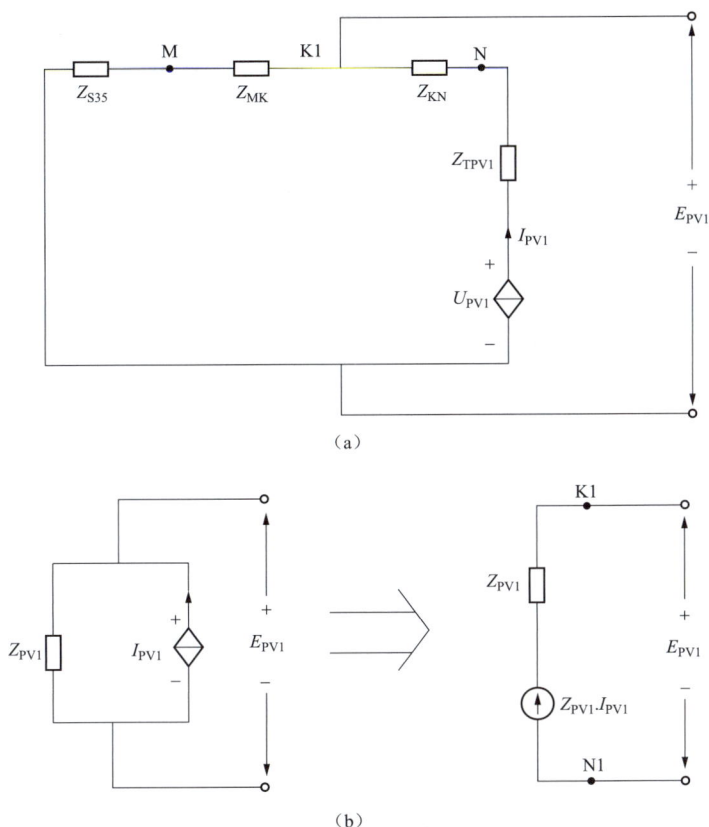

图 6-10　光伏电流源独立等效

（a）I_{pv1} 独立作用；（b）I_{pv1} 等效电源

由此可知，光伏电流源会改变故障序网的综合电动势。在复合序网中，零序电流与综合电动势的关系如式（6-13）所示，其中 Z_Σ 为计算时的相关序阻抗之和。因此光伏电源会影响零序电流。对于中性点非有效接地系统，分布式电源并不影响零序网络的结构，不改变零序电流的分布，PV 的影响可忽略。如果配电网中性点经小电阻接地，PV 的接入会在故障点处形成一个与原有系统并联的等效系统，从而使得 Z_Σ 减小，导致零序电流增大，对线路零序电流保护造成影响。

$$I_{K0}=\frac{E_\Sigma}{Z_\Sigma} \tag{6-13}$$

6.1.4　分布式光伏对距离保护的影响

当没有分布式光伏接入时，过渡电阻会影响阻抗圆特性，随着过渡电阻值的变大，可

121

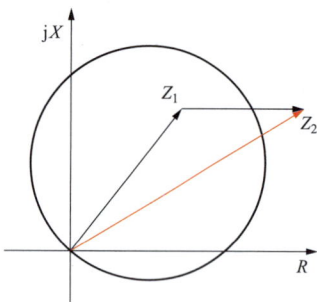

图 6-11 不接分布式光伏时
过渡电阻的影响

能会导致测量阻抗超出阻抗圆边界，从而导致保护拒动。不接分布式光伏时过渡电阻的影响如图 6-11 所示。

当有分布式光伏接入时，在系统电源和分布式光伏的综合作用下，会导致测量阻抗不是呈现纯阻性，对于保护区外故障，可能会使得测量阻抗在阻抗圆边界内部，从而导致保护误动；对于保护区内故障，可能会导致测量阻抗超出阻抗圆边界，从而导致保护拒动。分布式光伏对距离保护的影响如图 6-12 所示。

综合以上分析，分布式光伏接入 110kV 配电网后，可能会影响原有变压器间隙保护、零序保护及距离保护的可靠性，应采取相应措施来进一步消除分布式光伏接入对传统配电网的影响。

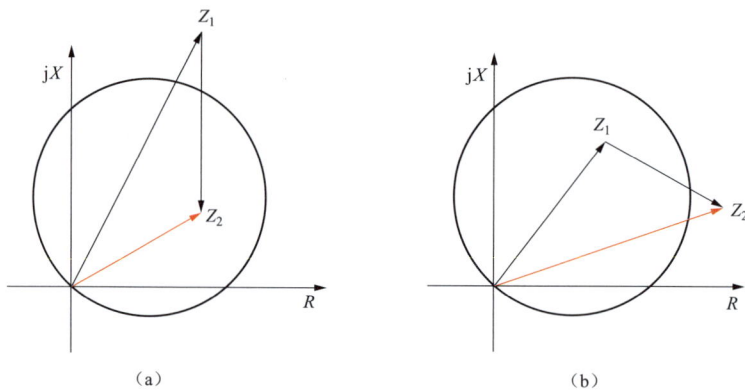

（a）

（b）

图 6-12 分布式光伏对距离保护的影响
（a）保护误动；（b）保护拒动

6.1.5 对重合器配合的影响

重合交流高压自动重合器简称重合器，本身具备操作顺序的执行控制和故障电流检测等功能。它是一种自具保护功能的高压开关设备，在无附加继电保护和操作装置的条件下，能够自动检测通过重合器的故障电流。在故障时，按反时限保护自动开断故障电流，并依照预定的延时和顺序进行多次地重合。PV 的引入使得重合器与其他自动装置的配合遭到破坏。

1. 对重合器与分段器配合的影响

重合器与分段器配合如图 6-13 所示，对于过电流计数型分段器或者电压时间型分段器，当 F 处发生故障时，重合器首先跳闸，但是 PV 的接入使得 PV 向故障点继续提供短路电流，无论重合器分合几次，S2 始终感受

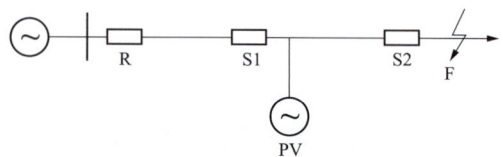

图 6-13 重合器与分段器配合

到 PV 提供的电流或者电压，导致内部计数器不进行计数，重合器与分段器配合被破坏。

2. 对重合器与熔断器配合的影响

重合器与熔断器配合如图 6-14 所示，当负荷侧故障时，PV 的注增作用使得流过熔断器的电流增大，PV 的分流作用使得流过重合器的故障电流减小，所以熔断器熔丝可能先于重合器动作，重合器与熔断器之间的配合被破坏。假如 PV 的容量足够大，两个熔断器都有可能熔断，熔断器与熔断器之间的配合也被破坏。

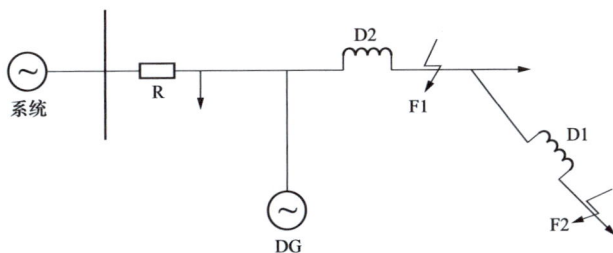

图 6-14　重合器与熔断器配合

6.1.6　对馈线远方终端自动装置影响

馈线远方终端（feeder terminal unit，FTU）作为馈线自动化的核心设备之一，主要用于配电网的实时监控。它是对环网开关柜和配电负荷开关线进行数据采集与监视控制系统，一般安装 10kV 配电馈线上，是馈线自动化系统与一次设备的接口部分。它可以实时检测配电系统管理所需数据和运行控制数据，并与馈线自动化主站通信，对配电开关设备发出调节控制命令，实现馈线自动化的遥测、遥控、遥信，故障检测和隔离等功能。FTU 由以下几个部分组成：无间断供电电源、通信接口终端（通信模块）、馈线自动化控制器（测控模块）和开关操作控制电路等。它的控制检测功能和运行的可靠性直接影响馈线自动化系统的性能。

FTU 系统通过检测开关状态、电能参数、相间故障、接地故障及故障时的电压、电流状态参数，实现对配电网的数据采集与监视控制功能，再经过 FTU 通信与控制实现配电网的故障诊断识别、故障定位隔离、网络架构重组和配电网的电压/无功控制和配电网经济优化运行等功能。FTU 主要功能要求主要有下面几种：

（1）遥信功能。FTU 可以采集通信是否正常、柱上开关位置、贮能完成情况等状态，并在短时间（1s 之内）完成开关分/合操作的反应。

（2）遥测功能。FTU 可以实时检测负荷电流、线路的电压、有功功率、无功功率和开关状态等模拟量。

（3）遥控功能。FTU 可以在远方命令控制命令下，完成对柱上开关的跳闸、合闸和启动贮能等动作，开关合/分操作要求在 3~5s 内完成，并具有返回校验功能。

（4）统计功能。FTU 可以检测和统计开关的动作次数和时间。

（5）对时功能。FTU 可以通过与主站的通信，实现时钟一致性。

（6）事故记录功能。短路故障发生时，FTU 可以记录故障前 1min 的平均负荷电流和事故时最大故障电流。

（7）自检和自恢复功能。当设备自身发生故障时，FTU 可以及时告警。当受到干扰造成死机时，可以自动恢复正常运行。

（8）远方控制和手动操作功能。在开关和线路检修时，FTU 可以通过远方控制实现闭锁，也可以进行开关手动分/合操作，以保障操作的安全性，避免人身事故。

（9）远程通信功能。FTU 可以收集下级子站的数据，并向上级主站传输。FTU 的故障诊断方法是建立在单端供电方式下的，依靠检测故障电流的大小来判断是否发生故障，依靠检测下级线路电压电流是否为 0 判断故障位置。PV 对环网 FTU 的影响主要为：一是改变故障点的电流大小，使得 FTU 控制开关的灵敏度发生变化；二是使得某些线路变为双电源供电网络，无法实现故障定位。根据 PV 在 FTU 线路中所处的位置不同，分析其对 FTU 自动装置的影响如下：

1）PV 和系统电源处于同一端。

如图 6-15 所示，PV 同系统电源处于同一端。当环网内发生故障时，PV 会对短路点注入故障电流，使得 FTU 检测到的故障电流增加，灵敏度升高，有可能使开关误动。这种情况下接入 PV 仅相当于增大系统侧容量，对 FTU 控制开关的灵敏度有影响，而对于故障点定位没有影响。

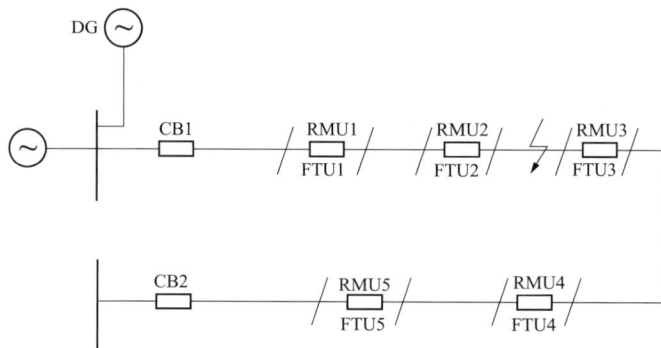

图 6-15　PV 和电源位于同侧

2）PV 和系统电源处于异端。

如图 6-16 所示，PV 同系统电源处于异端。当环网内发生故障时，PV 会对短路点提供反向故障电流，假如 FTU 的检测没有方向性的话，故障点的电流会增加。对于故障点至系统的线路，FTU 检测的电流值和未加入 PV 时一样；而对于故障点至 PV 的线路，FTU 检测的电流会根据 PV 容量的变化而改变，影响 FTU 控制开关的灵敏度。PV 的接入使得环网变为双端供电网络，无法实现故障定位。

3）PV 接入线路中间。如图 6-17 所示，PV 接入环网线路中间。假如 PV 至环网线路发生短路故障时，PV 会对故障点提供反向电流，影响 FTU 判别灵敏度，并且使得 FTU 失去故障点定位能力，与 PV 同系统电源处于异端情况相似。假如 PV 至末端线路发生故障时，PV 会向故障点提供短路电流，影响 FTU 判别灵敏度，与 PV 同系统电源处于同端情况相似。

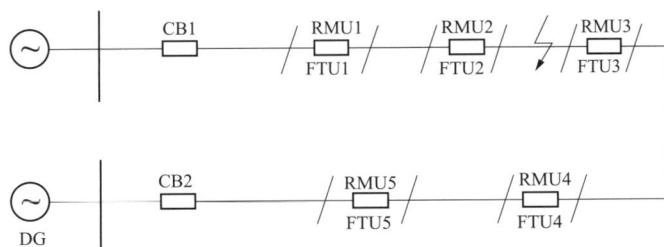

图 6-16　PV 和电源位于异侧

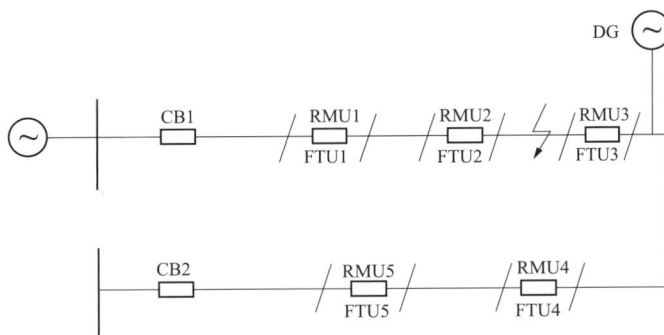

图 6-17　PV 位于线路中间

6.2　高渗透率光伏台区配电网保护配置方法

配电网主要由 110～35kV 高压配电网、10（20）kV 中压配电网及 220/380V 低压配电网构成。其中，110～35kV 高压配电网以辐射＋链式接线为主，10（20）kV 中压配电网以多分段多联络接线为主，220/380V 低压配电网以多分支辐射接线为主。配电网继电保护典型配置图如图 6-18 所示。

大量分布式光伏接入使得配电网由单辐射型电网变成多端有源配电网，电网发生故障后，分布式光伏向故障点提供短路电流，影响现有配电网保护和馈线自动化。由于分布式光伏提供的短路电流有限（小于 1.5 倍额定电流），根据理论分析和仿真，极端情况下，可能出现 110kV 主变压器间隙保护动作、反向故障电流保护或馈线自动化误告警、外汲作用灵敏度下降、重合闸失败、备用电源自动投入装置（以下简称"备自投"）动作时间延长等问题，传统的配电网保护不再能有效地应对这些问题，对配电网保护提出了新要求。

6.2.1　继电保护装置

1. 一般性要求

（1）分布式光伏的继电保护及安全自动装置配置应满足可靠性、选择性、灵敏性和速

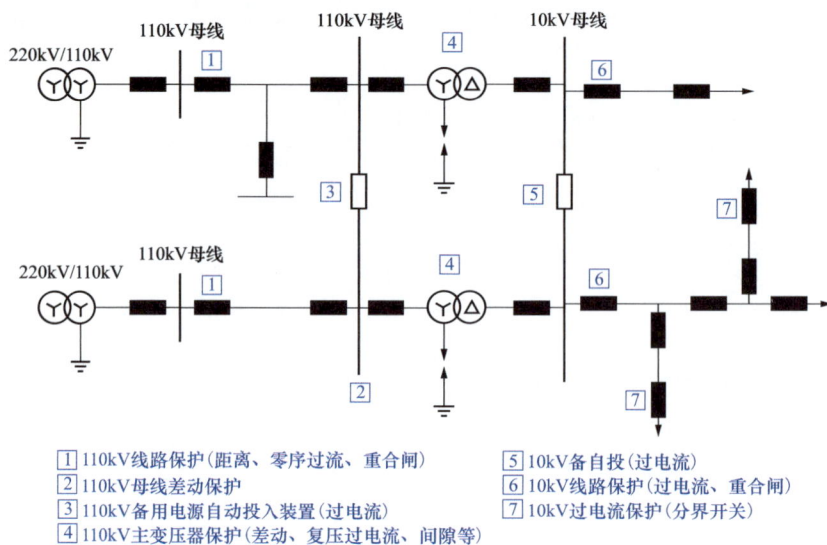

① 110kV线路保护(距离、零序过流、重合闸)　　⑤ 10kV备自投(过电流)
② 110kV母线差动保护　　　　　　　　　　　⑥ 10kV线路保护(过电流、重合闸)
③ 110kV备用电源自动投入装置(过电流)　　　　⑦ 10kV过电流保护(分界开关)
④ 110kV主变压器保护(差动、复压过电流、间隙等)

图 6-18　配电网继电保护典型配置图

动性的要求。

(2) 分布式光伏的继电保护应以保证公共电网的可靠性为原则，兼顾分布式光伏的运行方式，采取合理的保护方案。

(3) 分布式光伏侧应具有在电网故障及恢复过程中的自保护能力。

(4) 分布式光伏的接地方式应与电网侧的接地方式相适应，并应满足保护配合的要求。

(5) 分布式光伏切除时间应符合线路保护、重合闸、备自投等配合要求，以避免非同期合闸。

2. 各电压等级接入

(1) 直流（±375V）电压等级接入。各直流接入点断路器应具备过电流保护功能且能分断正向与反向电流。当柔性直流系统采用不接地或高阻接地设计时，应配置绝缘监测功能，实时监测直流单极接地故障。

(2) 220/380V 电压等级接入。分布式光伏以 220/380V 电压等级接入公共电网时，并网点和公共连接点的断路器应具备短路速断、延时保护功能和分离脱扣、失压跳闸及低压闭锁合闸等功能，同时应配置剩余电流保护装置。

(3) 10kV 电压等级接入。分布式光伏采用专用送出线路接入变电站、开关站、环网室（箱）、配电室或箱式变压器 10kV 母线时，宜配置（方向）过电流保护，也可配置距离保护；当上述两种保护无法整定或配合困难时，应增配纵联电流差动保护。

分布式光伏采用 T 接线路接入系统时，宜在分布式光伏并网点配置无延时过电流保护反映内部故障并配置联切装置，条件具备时可配置三端光差保护。

3. 系统侧保护校验及完善

(1) 分布式光伏接入配电网后，应对分布式光伏送出线路相邻线路现有保护进行校验，当不满足要求时，应调整保护配置。

（2）分布式光伏接入配电网后，应校验相邻线路的开关和电流互感器是否满足最大短路电流情况的要求。

（3）应对系统侧变电站或开关站侧的母线保护进行校验，若不能满足要求时，则变电站或开关站侧应配置保护装置，快速切除母线故障。

6.2.2　配电网保护建议方法

1. 110kV 线路保护和间隙保护方面

以淮安金湖案例分析：

2018 年 3 月 27 日 8 时 29 分，110kV 石双 817 线路 A 相单相接地故障，双龙变压器侧差动保护动作开关跳闸，2s 后重合成功；石港侧保护开关不跳闸。经 0.5s 延时后，110kV 石港变电站 2 号主变压器间隙保护动作出口，跳开主变压器四侧开关（内桥接线），淮安石双 817 线石港变压器侧线路保护故障录波如图 6-19 所示。

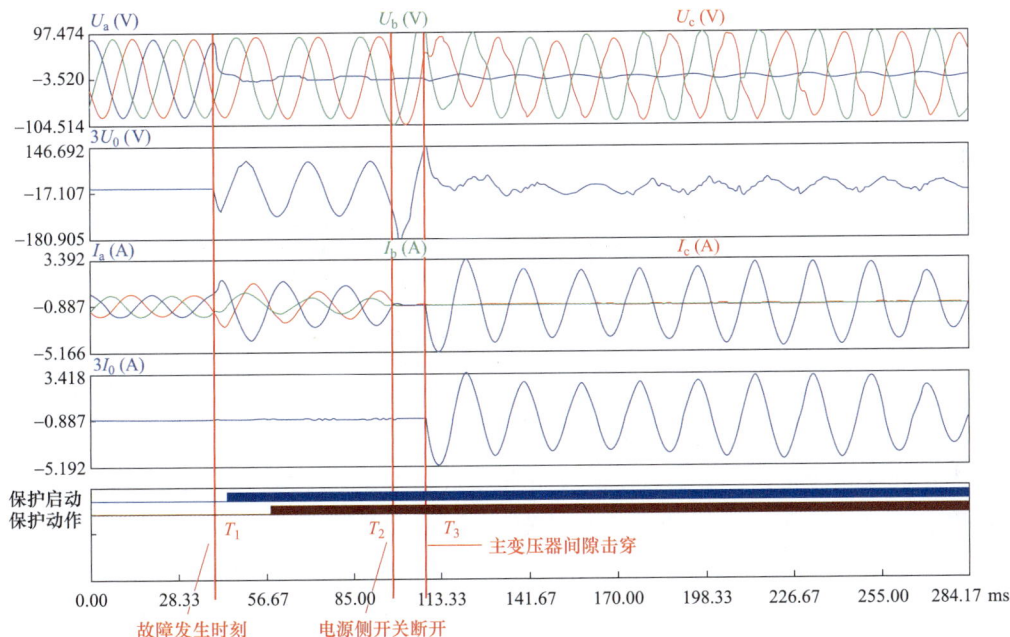

图 6-19　淮安石双 817 线线石港变压器侧线路保护故障录波

从图 6-19 可以看出：

（1）在故障发生（T1 时刻）后，故障相电压降低，非故障相电压不变，故障电流升高，差动保护动作。

（2）在电源侧开关跳开（T2 时刻）后，负荷侧集中式光伏电站孤岛运行，负荷侧系统变为中性点不接地运行方式并带故障运行，非故障相电压升高至 1.732 倍，零序电压升高 1.732 倍，相电流较小。

（3）在主变压器间隙击穿（T3 时刻）后，故障相电流升高，零序电流升高，0.5s 后

127

间隙保护动作。

110kV 线路保护一般按单电源原则配置，故障后仅电源侧开关跳开，故障未完全隔离，大量光伏接入后使负荷侧电网具备形成孤岛并带故障运行的可能，负荷侧电网由中性点直接接地系统变为中性点不接地系统，可能导致主变压器间隙保护动作，扩大事故范围。

在 110kV 线路所供负荷侧接入光伏总装机容量大于正常运行方式下最小负荷时（电网发生故障后，负荷侧电网因光伏的接入具备形成孤岛并可带故障运行超过间隙保护动作时间 0.3~0.5s），110kV 线路保护投双侧跳闸（配置电流差动保护、远跳装置）或完善 110kV 主变压器间隙保护。

2. 配电网线路保护方面

仿真计算分析：在 PSCAD 软件中搭建如图 6-20 所示的 10kV 配电网仿真系统：光伏电源装机容量为 8.3MW，故障情况下最大输出 1.5 倍额定电流，线路 AB 的长度为 2km，线路 BC 长度为 8km，故障时刻为 0.2s。

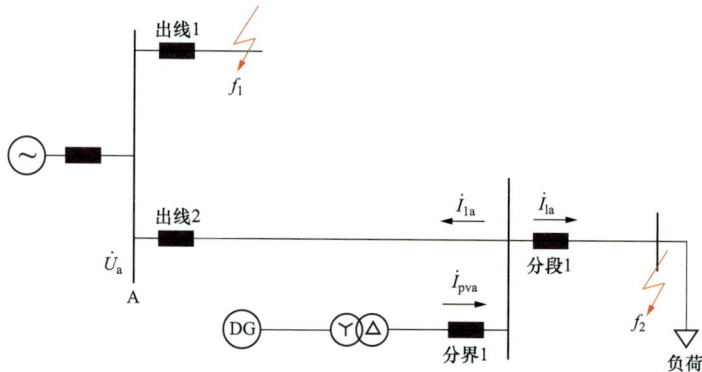

图 6-20 光伏接入 10kV 配电网系统

（1）相邻线路故障，光伏提供反向故障电流。出线 1 出口 f_1 处发生三相金属性短路，故障前后 A 相电压电流波形如图 6-21 所示。

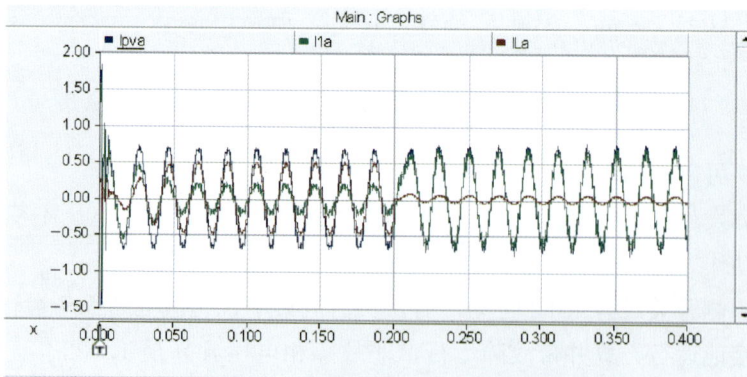

图 6-21 f_1 处三相金属性短路故障前后波形

由图 6-21 可知：

故障前母线 A 电压与光伏电源提供的电流 I_{pva} 和线路 AB 电流 I_{1a} 同相，I_{pva} 有效值为 457A，I_{1a} 有效值为 134A，光伏电源除向提供负载所需的功率外，向系统倒送有功功率。

故障发生后，光伏电源提供的电流 I_{pva} 和流过线路 AB 的电流 I_{1a} 增大，有效值均为 707A，超过本线路配电终端馈线自动化装置（FA）过电流Ⅲ段保护定值。

（2）故障点下游故障光伏外汲作用影响。光伏电源未接入时，BC 线路末端 f_2 处发生金属性三相短路线路 AB、BC 流过的电流波形如图 6-22 所示。

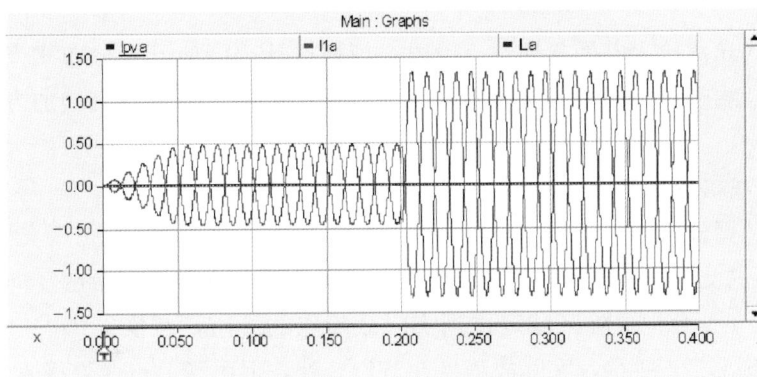

图 6-22　光伏电站未接入时，线路 AB、BC 流过的电流波形

如图 6-22 所示，光伏电源未接入时，故障后，流过线路 AB 的电流 I_{1a} 有效值为 937A。

光伏电源接入时，BC 线路末端 f_2 处发生金属性三相短路，线路 AB、BC 流过的电流与光伏电站电流波形如图 6-23 所示。

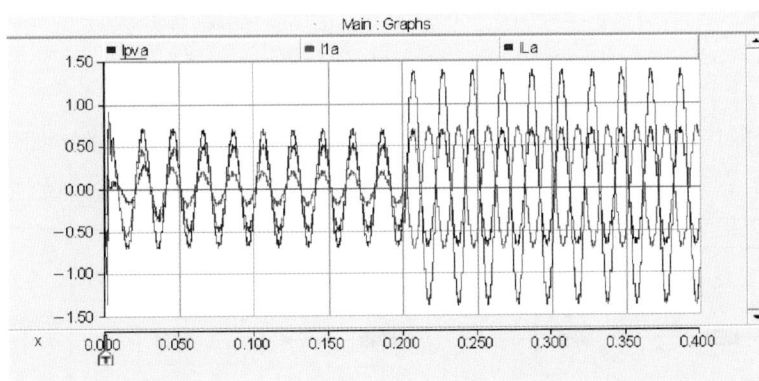

图 6-23　光伏电源接入时，线路 AB、BC 流过的电流与光伏电站电流波形

如图 6-23 所示，光伏电源接入后，光伏电站提供的故障电流有效值为 402A，流过线路 AB 的故障电流 I_{1a} 有效值下降至 477A，将影响变电站出线开关和配电终端分级保护过电流Ⅲ段保护动作。

10kV 线路保护一般配置三段式电流保护，但由于电网故障后光伏电源提供短路电流能力有限（规程要求小于 1.5 倍额定电流，一般小于 1.2 倍额定电流），对电流保护Ⅰ、Ⅱ段影响小，一般影响过电流Ⅲ段保护：

（1）在线路所接光伏容量超过线路最大额定容量 80％（变电站出线开关过电流Ⅲ段保护定值按 1.2 倍额定电流整定，光伏电源故障电流按 1.5 倍额定电流计算）的情况下，光伏反向故障电流可能导致过电流Ⅲ段误动作。

（2）在光伏接入点下游故障时，光伏电源外汲作用将导致变电站出线开关保护灵敏度降低。

建议分布式光伏接入电网前期审查阶段，规划设计部门应开展分布式光伏接入与电网短路电流水平及线路最大额定容量之间的匹配校核，不满足要求时宜增加方向判据或启用分级保护。

3. 配电网线路分级保护和馈线自动化方面

（1）仿真计算分析。

1）光伏提供反向故障电流，FA 误判。故障发生后，故障点下游的反向故障电流导致保护告警动作，FA 会把故障区域定位到实际故障点的下游，在恢复供电过程中会使线路二次跳闸。如图 6-24 所示，实际故障点在节点 2 处，但由于节点 3 处接入了分布式光伏，造成节点 3 的终端保护告警误动，导致 FA 将故障区域定位在实际故障点下游。

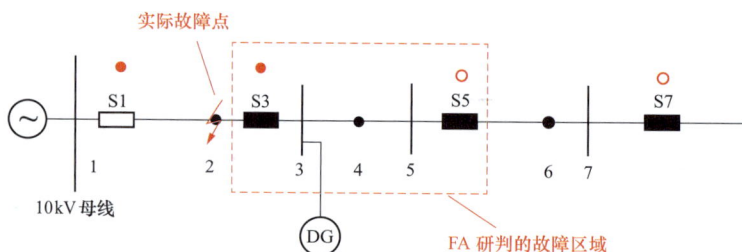

图 6-24　终端误告警导致 FA 误判

2）光伏外汲作用，FA 误判。故障后，线路不跳闸，FA 不启动。如图 6-25 所示，实际故障点在节点 8 处，但由于节点 3 下游接入了分布式光伏，且容量较大，造成节点 1 和 3 处终端保护拒动，导致 FA 无法启动。

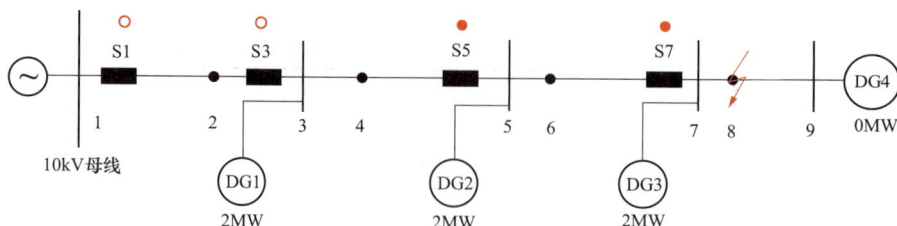

图 6-25　光伏外汲作用导致 FA 不启动

（2）扬中配电网分级保护和馈线自动化运行情况：扬中地区配电网线路继电保护仅启

用用户分界开关，且接入容量未达边界条件，分级保护和 FA 功能未因分布式光伏接入产生异常情况。

10kV 配电线路分级保护一般配置三段式电流保护，馈线自动化终端配置过电流Ⅲ段告警（600A）功能。光伏接入后对分级保护和馈线自动化影响具如下：①在线路所接光伏容量超过线路最大额定容量 67% 的情况下，光伏电源反向故障电流可能导致分级保护和馈线自动化终端过电流Ⅲ段误告警，甚至 FA 定位失败。②光伏外汲作用将导致分级保护和 FA 告警灵敏度下降。

建议根据电网接入分布式光伏容量，校核 10kV 配电线路分级保护过电流Ⅲ段和 FA 告警保护范围和灵敏度，不满足要求时宜调整分级保护过电流Ⅲ段和 FA 告警定值或调整分级保护启用位置。

4. 配电网线路重合闸方面

（1）分布式光伏接入线路重合闸动作分析。配电线路一般采用无检定三相一次重合闸（1.1～1.4s）。电网发生故障后，光伏电源可能向故障点注入故障电流（光伏最长脱网时间小于 2s），可能对重合闸产生如下影响：

1）可能导致瞬时性故障重合闸失败，扩大事故。

2）故障后负荷侧光伏电源未迅速脱网，负荷侧电网带故障运行，可能导致重合闸重合于有压电网，存在非同期合闸的风险，影响同步电动机负荷（同步电动机负荷极少）。

（2）扬中配电网线路重合闸运行情况。扬中地区目前将重合闸时间调整为 2.5s，未发生因光伏接入导致重合闸失败的情况。

配电线路一般采用无检定三相一次重合闸（1.1～1.4s）。电网发生故障后，光伏电源可能向故障点注入故障电流（光伏最长脱网时间小于 2s），将有可能对重合闸产生如下影响：

1）可能导致瞬时性故障重合闸失败，扩大事故。

2）故障后负荷侧光伏电源未迅速脱网，负荷侧电网带故障运行，可能导致重合闸重合于有压电网，存在非同期合闸的风险，影响同步电动机负荷（同步电动机负荷极少）。

建议变电站内出线开关柜宜加装线路 TV 采用检无压重合闸；无线路 TV，应调整重合闸延时与光伏孤岛保护动作时间配合；加强对用户光伏防孤岛保护功能的检测和管理；开展重合闸在分布式光伏接入情况下非同期合闸电流的半实物仿真分析与试验验证。

5. 防孤岛保护装置

分布式光伏应具备快速检测孤岛且断开与电网连接的能力。防孤岛功能可以由独立装置实现，也可以由逆变器实现。防孤岛保护动作时间应与电网侧备自投、重合闸动作时间配合。

分布式光伏逆变器必须具备快速检测孤岛且检测到孤岛后立即断开与电网连接的能力，其防孤岛方案应与继电保护配置、频率电压异常紧急控制装置配置和低电压穿越等相配合，时限上互相匹配，符合技术标准要求。

6. 开断设备

设备开断能力应根据并网点短路电流水平选择，并需留有一定裕度。新建光伏接入工程开断设备应配置断路器；对于存量光伏，公共连接点为负荷开关的，应改造为断路器并满足相应要求。

（1）分布式光伏直流（±375V）接入时，应选用直流专用断路器。开断设备应无极性、具备明显开断点、具备直流灭弧、双向开断故障电流功能。开断设备宜选用不自动复原方式。

（2）分布式光伏 220/380V 交流接入时，开断设备应设置明显开断点。并网点应安装易操作、具有明显开断指示、具备开断故障电流能力的断路器。断路器可选用微型、塑壳式或万能断路器，根据短路电流水平选择设备开断能力，应具备电源端与负荷端反接能力，同时具备剩余电流保护、过电压保护、防孤岛保护、电能质量监测等功能并支持 RS-485、HPLC 等通信方式，实现与台区智能融合终端、台区柔性互联装置信息交互。

（3）分布式光伏 10kV 交流接入时，开断设备应易操作、可闭锁、可遥控，宜选用高压开关柜或一、二次融合断路器设备，具备接地、故障电流开断功能。故障开断电流一般不小于 20kA。开断设备应配置相应的保护装置，保护装置应具备过电流保护、零序过电流保护、电能质量监测等功能，并能将信息上送。

7. 防雷接地装置

在分布式光伏接入系统设计中应充分考虑雷击及内部过电压的危害，按照 GB 50064《交流电气装置的过电压保护和绝缘配合设计规范》、GB 50065《交流电气装置的接地设计规范》和 GB 50057《建筑物防雷设计规范》的要求，装设避雷器和接地装置。

（1）直流系统：采用适配±375V 电压的直流线路浪涌保护器。

（2）交流系统：10kV 系统采用交流无间隙金属氧化物避雷器进行过电压保护。220/380V 各回出线和零线可采用低压阀型避雷器，进线或母线处配置的浪涌保护器应根据设备位置确定耐冲击电压额定值。

（3）二次系统：应防止雷击感应影响二次设备安全及可靠性，全部金属物包括设备、机架、金属管道、电缆的金属外皮等均应单独与接地干网可靠联接。

（4）设水平和垂直接地的复合接地网。接地体一般采用镀锌钢，腐蚀性高的地区宜采用铜包钢或者石墨。接地电阻、跨步电压和接触电压应满足规程要求。

（5）架空线混凝土杆塔、环网箱（柜）复合接地网设计应满足有关规范接地电阻值要求，在不满足时应设置专用接地装置。

6.3 整县光伏对继电保护影响的仿真分析

6.3.1 光伏故障电流对 10kV 线路保护的影响

在 PSCAD 软件中搭建如图 6-26 所示的光伏接入 10kV 配电网仿真系统。假定光伏电源接入容量为系统额定容量的 80%，以线路额定电流为 600A 考虑，则光伏电源装机容量为 8.3MW。

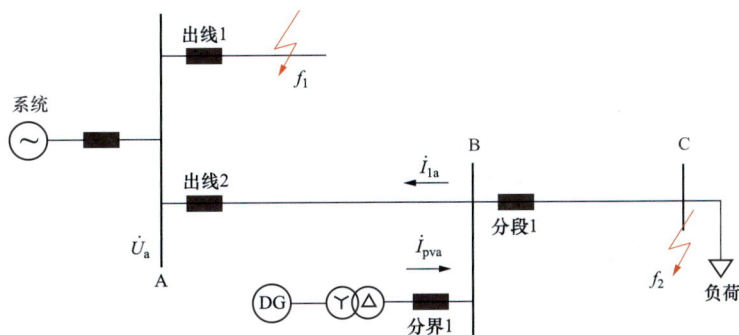

图 6-26　光伏接入 10kV 配电网系统

仿真系统中 10kV 系统为中性点不接地系统，系统阻抗为 0.8Ω。10kV 线路正序电阻为 0.157Ω/km，正序电感为 0.076Ω/km，正序电容为 7.576μF/km，零序电阻为 0.307Ω/km，零序电感为 0.304Ω/km，零序电容为 9.091μF/km。线路 AB 的长度为 2km，线路 BC 长度为 8km。

光伏电站正常情况下向外输出 8.3MW 功率，故障情况下最大输出 1.5 倍额定电流。负载为 5MW。

1. 相邻线路出口故障

时间 $t = 0.5s$，出线 1 出口 f_1 处发生三相金属性短路，故障前后光伏逆变器出口电压如图 6-27 所示，光伏并网线路故障电流、出线 2 电流、母线 A 电压如图 6-28 所示。

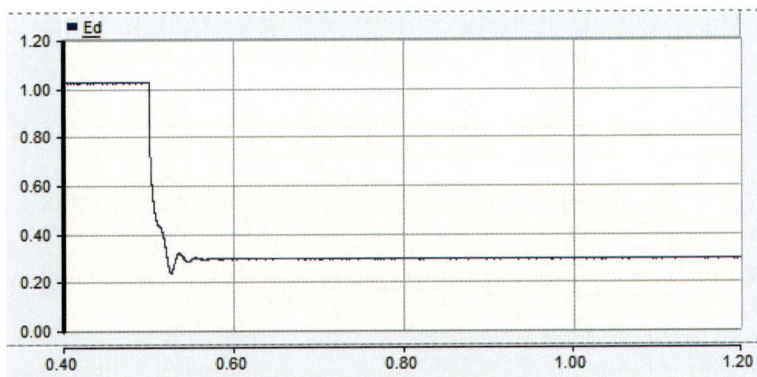

图 6-27　光伏逆变器出口电压

如图 6-27 所示，出线 1 出口 f_1 处发生三相金属性短路后，光伏逆变器出口电压跌至 0.29（标幺值），在 0.74s 内不会脱网。

如图 6-28 所示，故障前，母线 A 电压与光伏电源提供的电流 I_{pva} 和线路 AB 电流 I_{1a} 同相，I_{pva} 有效值为 478A，I_{1a} 有效值为 194A，光伏电源除向提供负载所需的功率外，向系统倒送有功功率。故障发生后，光伏电源提供的电流 I_{pva} 和流过线路 AB 的电流 I_{1a} 增大，有效值均为 525A，未超过本线路过负荷保护定值。

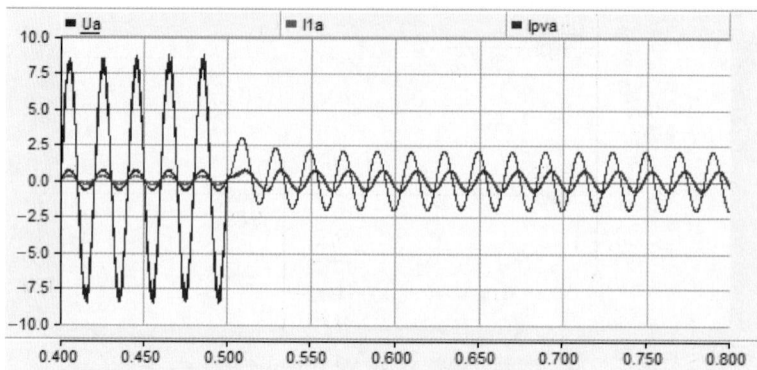

图 6 - 28　f_1 处三相金属性短路故障前后波形

2. 光伏下游线路故障

时间 $t = 0.5s$，光伏电源未接入时，BC 线路末端 f_2 处发生金属性三相短路，系统电压与线路 AB 流过的电流波形如图 6 - 29 所示。

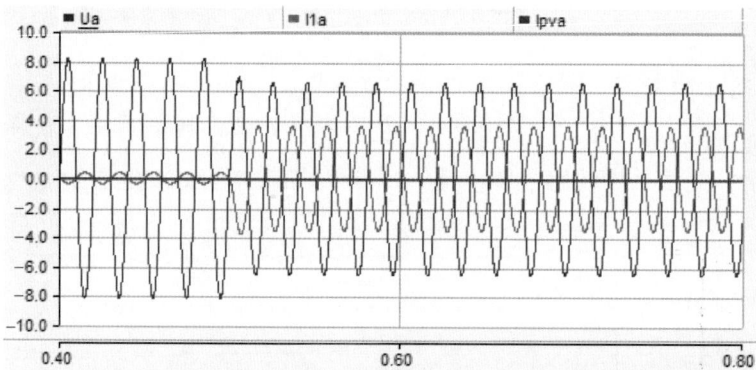

图 6 - 29　光伏电站未接入时，系统电压与线路 AB 流过的电流波形

如图 6 - 29 所示，光伏电源未接入时，故障后，流过线路 AB 的电流 I_{1a} 有效值为 2526A。

光伏电源接入时，$t = 0.5s$，BC 线路末端 f_2 处发生金属性三相短路，故障前后光伏逆变器出口电压如图 6 - 30 所示，系统电压、线路 AB 流过的电流与光伏电站电流波形如图 6 - 31 所示。

如图 6 - 30 所示，BC 线路末端 f_2 处发生三相金属性短路后，光伏逆变器出口电压跌至 0.72（标幺值），在 1.64s 内不会脱网。

如图 6 - 31 所示，光伏电源接入后，光伏电站提供的故障电流有效值为 525A，流过线路 AB 的故障电流 I_{1a} 有效值下降至 2195A，将影响出线开关电流保护的灵敏度。

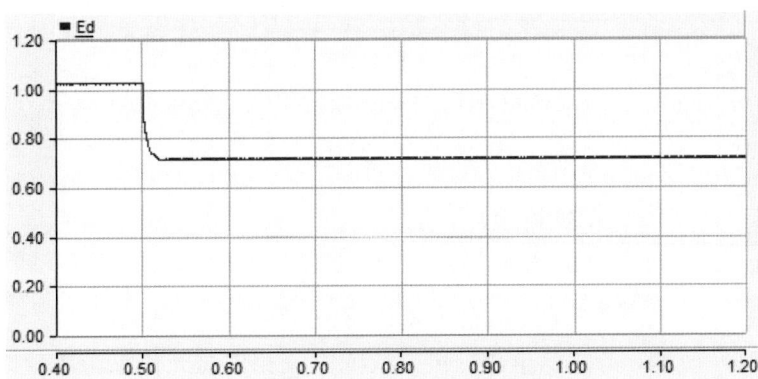

图 6-30　光伏逆变器出口电压

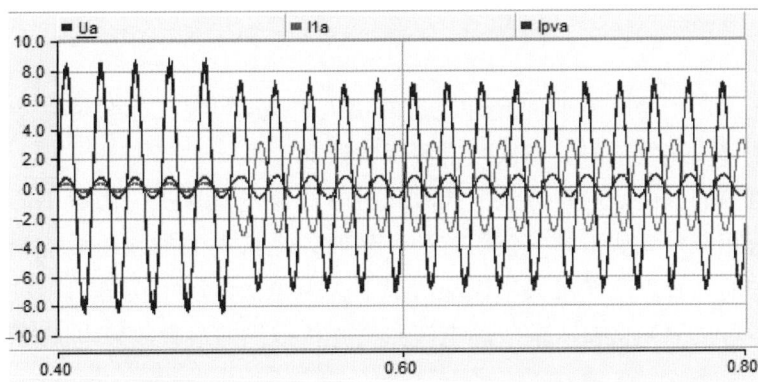

图 6-31　光伏电源接入时，系统电压、线路 AB 流过的电流与光伏电站电流波形

下面对光伏电源下游线路故障时，光伏电源的汲出效应进行理论分析，故障等效电路如图 6-32 所示。

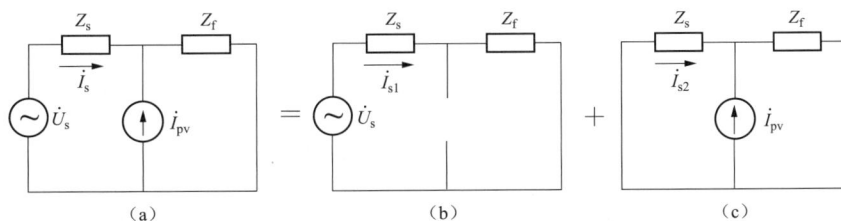

图 6-32　光伏电源下游线路故障等效电路
（a）故障等效电路；（b）分解电路 1；（c）分解电路 2

如图 6-32 所示，$\dot{U}_s$ 为系统等值电压，$\dot{I}_{pv}$ 为光伏电源故障电流，$\dot{I}_s$ 为出线故障电流，Z_s 为光伏电源上游等效阻抗，Z_f 为光伏电源下游等值阻抗。根据叠加原理，将图 6-32（a）的故障等值电路分解为图 6-32（b）和（c）。则图 6-32（b）中的 $\dot{I}_{s1}$ 为光伏电源接入前的出线故障电流，即

$$\dot{I}_{s1} = \frac{\dot{U}_s}{Z_s + Z_f} \tag{6-14}$$

图 6 - 32 （c）中的 $\dot{I}_{s2}$ 为光伏电源接入后附加的出线故障电流，即

$$\dot{I}_{s2} = -\frac{Z_f \dot{I}_{pv}}{Z_s + Z_f} \tag{6-15}$$

因此，光伏电源接入后出线故障电流为

$$\dot{I}_s = \dot{I}_{s1} + \dot{I}_{s2} = \frac{\dot{U}_s}{Z_s + Z_f} - \frac{Z_f \dot{I}_{pv}}{Z_s + Z_f} = \frac{\dot{U}_s - Z_f \dot{I}_{pv}}{Z_s + Z_f} \tag{6-16}$$

如式（6-16）所示，当光伏电源提供的故障电流相位与光伏下游等值阻抗角一致时，光伏电源的汲出效应最为显著，对出线开关电流保护的灵敏度影响最大。极端情况下，当 Z_s 远小于 Z_f 时，可按照光伏接入前故障电流减去光伏提供的最大故障电流校验保护灵敏度。

结论：

（1）按照光伏逆变器故障期间允许流过的最大电流为 1.1（标幺值）考虑，光伏电源接入不会导致相邻线路故障时，本线过电流保护误动作。

（2）光伏电源的汲出效应将导致下游故障时本线路电流保护灵敏度下降。当光伏电源提供的故障电流相位与光伏下游等值阻抗角一致时，光伏电源的汲出效应最为显著，对出线开关电流保护的灵敏度影响最大。极端情况下，当光伏电源上游等值阻抗远小于光伏下游等值阻抗时，可按照光伏接入前故障电流减去光伏提供的最大故障电流校验保护灵敏度。

6.3.2 光伏接入对中性点间隙保护的影响

在 PSCAD 软件中搭建如图 6 - 33 所示的 110kV 变电站 10kV 侧接入光伏的仿真模型。

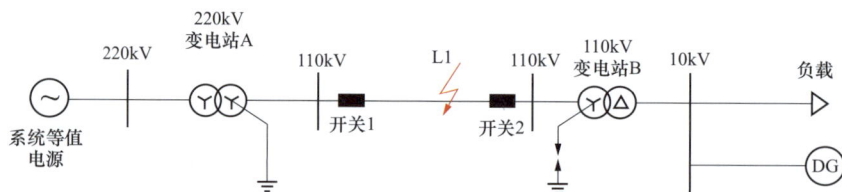

图 6 - 33 110kV 变电站 10kV 侧接入光伏的仿真模型

该仿真系统中，220kV 变电站 A 的主变压器 110kV 侧中性点直接接地，110kV 变电站 B 的主变压器 110kV 侧中性点经间隙接地；220kV 系统正序等值阻抗为 2.78 + j15.76Ω，零序等值阻抗为 8.34 + j47.17Ω；线路 L1 长度为 20km，单位长度正、负序阻抗为 0.171 + j0.405Ω/km，单位长度零序阻抗为 0.51 + j1.207Ω/km；负载和光伏电源分别经 10km 和 6km 线路接入 110kV 变电站 B 的 10kV 母线，10kV 线路单位长度正、负序阻抗为 0.157 + j0.076Ω/km，单位长度零序阻抗为 0.307 + j0.304Ω/km；负载类型为纯电阻负载。

时间 $t = 0.5s$ 时，110kV 线路 L1 中点处发生 A 相接地故障；$t = 0.6s$ 时，开关 1 三

相跳开，开关 2 未跳开，故障点持续存在，光伏电源带本地负载孤岛运行，考量不同负载容量时光伏电源出口电压、110kV 变电站 B 的主变压器 110kV 侧中性点零序电压变化情况。

1. 光伏 8.3MW、负载 4MW

光伏 8.3MW、10kV 负载容量为 4MW 时，光伏电源出口电压波形如图 6-34 所示。

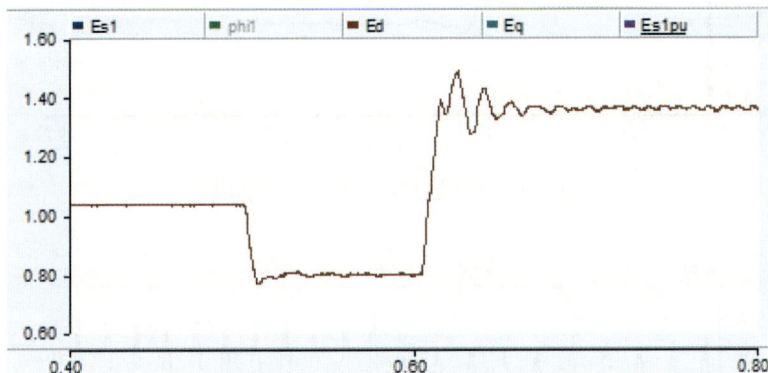

图 6-34　光伏电源出口电压波形

如图 6-34 所示，110kV 线路 A 相接地故障、开关 1 跳开后，光伏电源出口电压达到了 1.35（标幺值），直接脱网，不会导致间隙保护动作。

2. 光伏 8.3MW、负载 5MW

光伏 8.3MW、10kV 负载容量为 5MW 时，光伏电源出口电压波形和幅值分别如图 6-35 和图 6-36 所示，开关 1 跳开、光伏电源与本地负载形成孤岛运行后，光伏电源出口电压达到了 1.24（标幺值），0.5s 后因过电压脱网，因此不会导致间隙保护动作。此外，孤岛运行时，电压频率升高约为 56Hz。

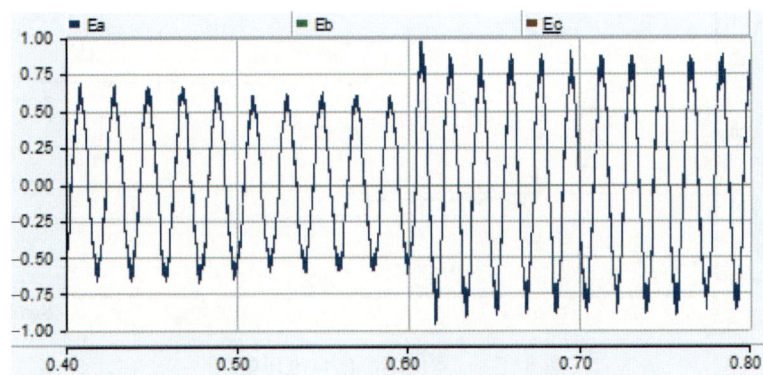

图 6-35　光伏电源出口电压波形

3. 光伏 8.3MW、负载 6MW

光伏 8.3MW、10kV 负载容量为 6MW，即光伏功率基本不倒送，光伏电源出口电压波形和幅值分别如图 6-37 和图 6-38 所示。

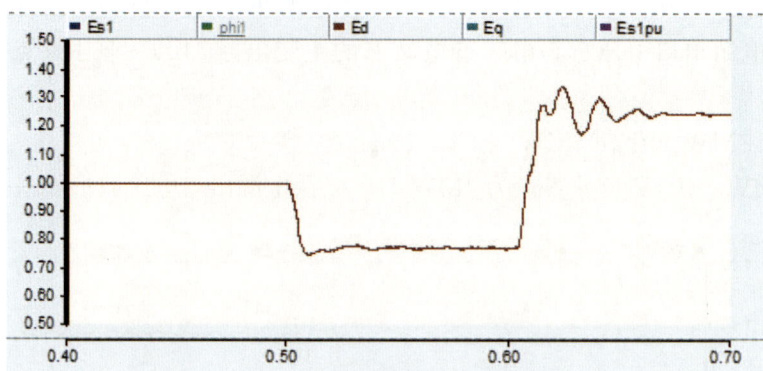

图 6-36　光伏电源出口电压幅值

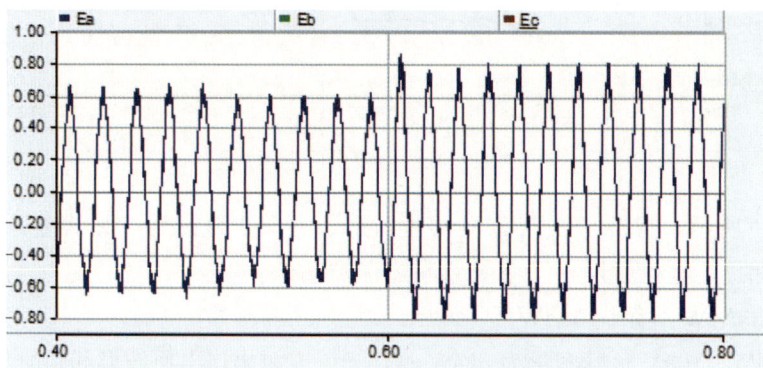

图 6-37　光伏电源出口电压波形

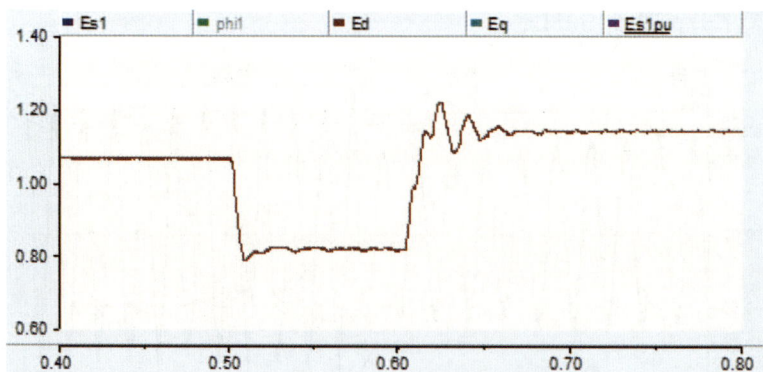

图 6-38　光伏电源出口电压幅值

如图 6-39 和图 6-40 所示，开关 1 跳开、光伏电源与本地负载形成孤岛运行后，光伏电源出口电压约为 1.14（标幺值），频率升高约 56.5Hz。

这种情况下，110kV 变电站 B 的主变压器 110kV 侧中性点零序电压 $3U_0$ 的波形如图 6-39 所示。

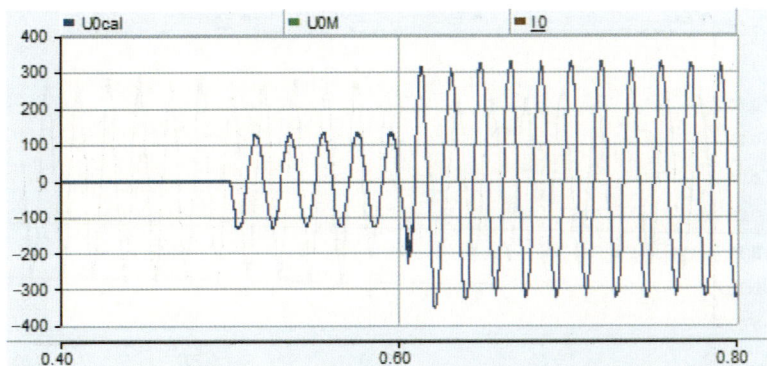

图 6-39　110kV 变电站 B 的主变压器 110kV 侧中性点零序电压 $3U_0$ 波形

如图 6-39 所示，110kV 线路 A 相接地故障期间，110kV 变电站 B 的主变压器 110kV 侧中性点零序电压 $3U_0$ 有效值约为 87.8kV；开关 1 跳开后，$3U_0$ 有效值约为 226.3kV，TV 变比按 $\dfrac{110}{\sqrt{3}}$ kV/100V 考虑，二次值达到 356V，间隙击穿后中性点电流如图 6-40 所示。

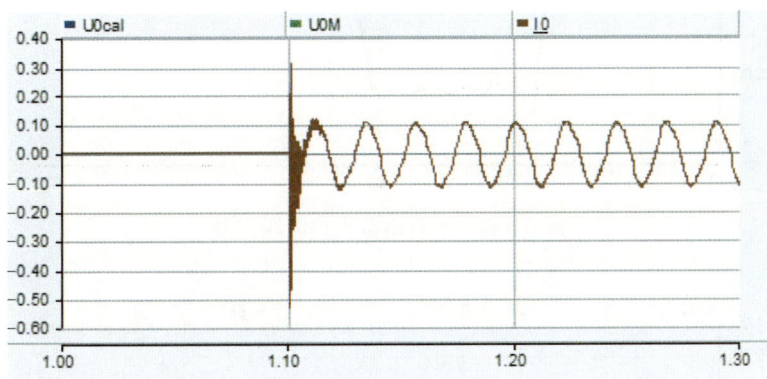

图 6-40　间隙击穿后中性点电流

4. 光伏 8.3MW、负载 8MW

光伏 8.3MW、10kV 负载容量为 8MW，即光伏功率基本不倒送，光伏电源出口电压波形和幅值分别如图 6-41 和图 6-42 所示。

如图 6-41 和图 6-42 所示，开关 1 跳开、光伏电源与本地负载形成孤岛运行后，光伏电源出口电压约为 1.0（标幺值），频率升高约 55.5Hz。在这种情况下，光伏电源的主动式防孤岛检测功能将发挥作用迅速闭锁光伏，不会导致间隙保护动作。

5. 光伏 8.3MW、负载 12MW

光伏 8.3MW、10kV 负载容量为 12MW，即光伏功率无法满足负载要求，需 110kV 变电站 B 向负载供电约 4MW，光伏电源出口电压波形和幅值分别如图 6-43 和图 6-44 所示。

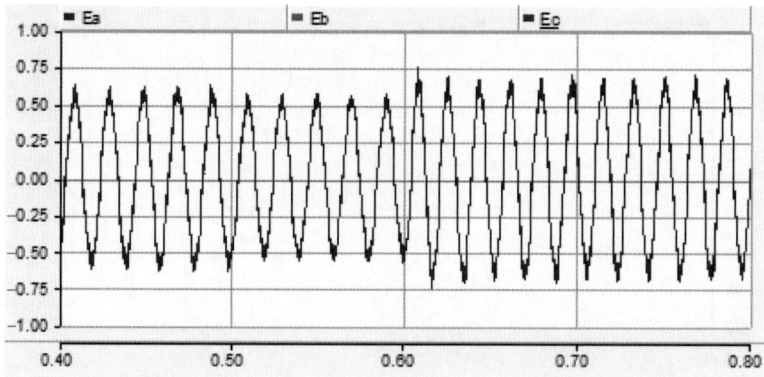

图 6-41　光伏电源出口电压波形

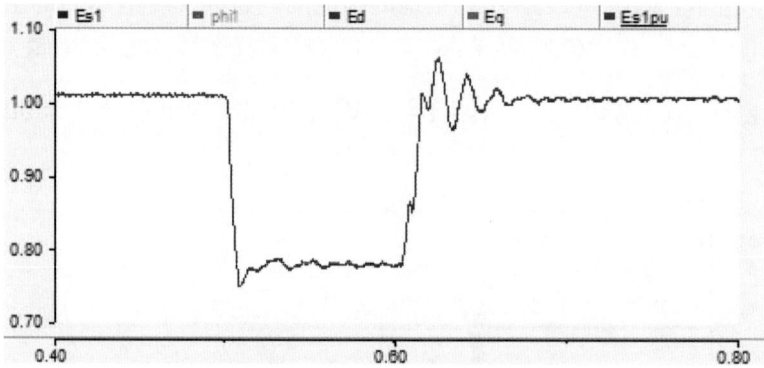

图 6-42　光伏电源出口电压幅值

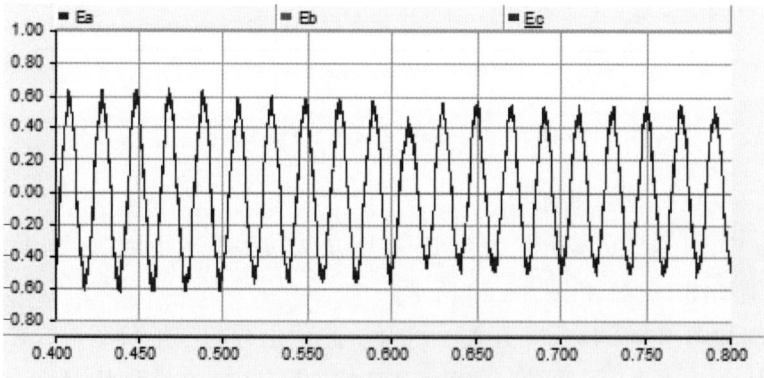

图 6-43　光伏电源出口电压波形

如图 6-43、图 6-44 所示，开关 1 跳开、光伏电源与本地负载形成孤岛运行后，光伏电源出口电压约为 0.825（标幺值），频率为约 51.2Hz。

这种情况下，110kV 变电站 B 的主变压器 110kV 侧中性点零序电压 $3U_0$ 的波形如图 6-45 所示。

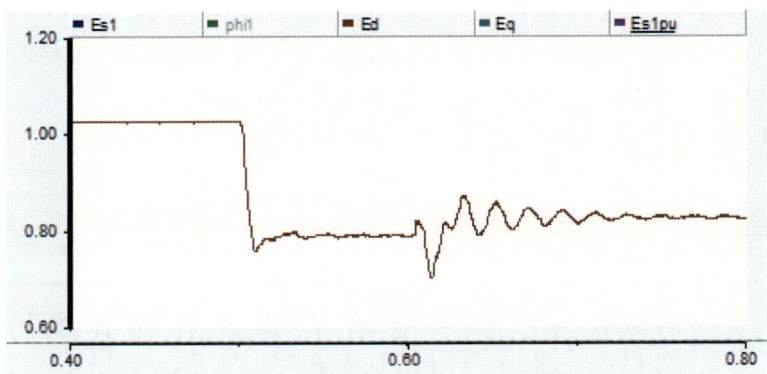

图 6-44　光伏电源出口电压幅值

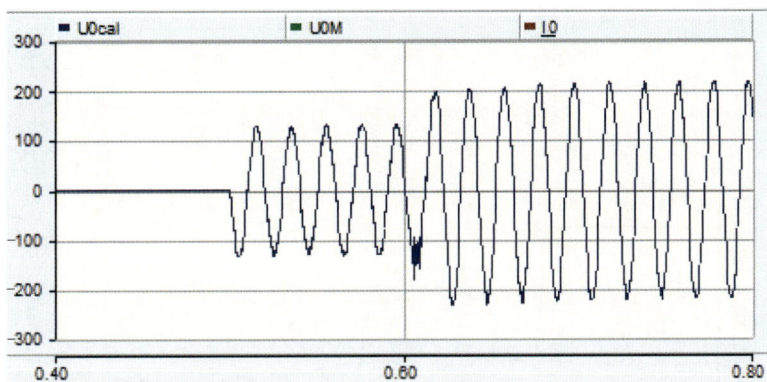

图 6-45　110kV 变电站 B 主变压器 110kV 侧中性点零序电压 $3U_0$ 波形

如图 6-45 所示，110kV 线路 A 相接地故障期间，110kV 变电站 B 的主变压器 110kV 侧中性点零序电压 $3U_0$ 有效值约为 87.8kV；开关 1 跳开后，$3U_0$ 有效值约为 155.6kV，TV 变比按 $\dfrac{110}{\sqrt{3}}$ kV/100V 考虑，二次值达到 245V，间隙击穿后中性点电流如图 6-46 所示。

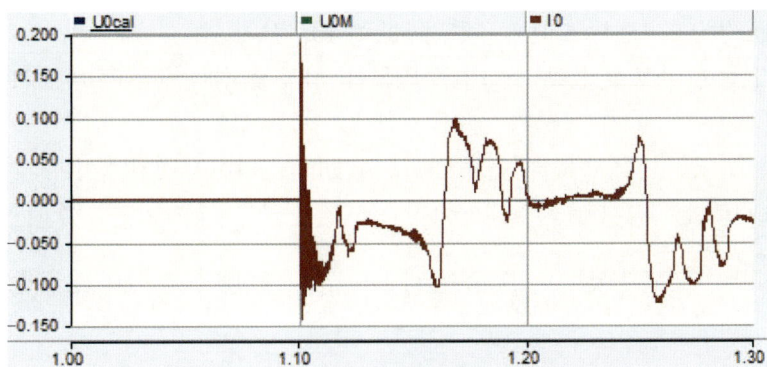

图 6-46　间隙击穿后中性点电流

6. 光伏 8.3MW、负载 16MW

光伏 8.3MW、10kV 负载容量为 16MW，即光伏功率无法满足负载要求，需 110kV 变电站 B 向负载供电约 8MW，光伏电源出口电压波形和幅值分别如图 6-47 和图 6-48 所示。

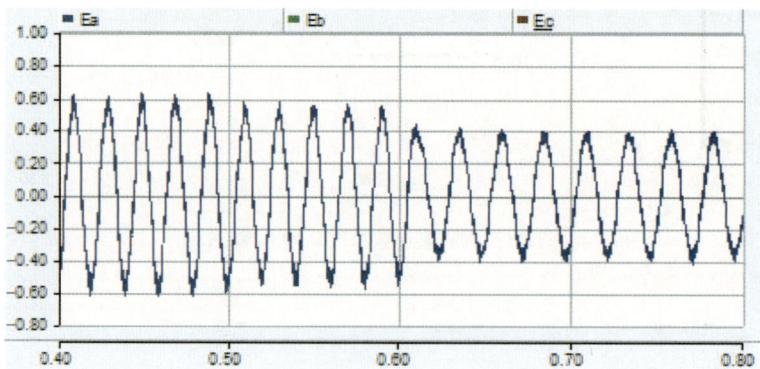

图 6-47　光伏电源出口电压波形

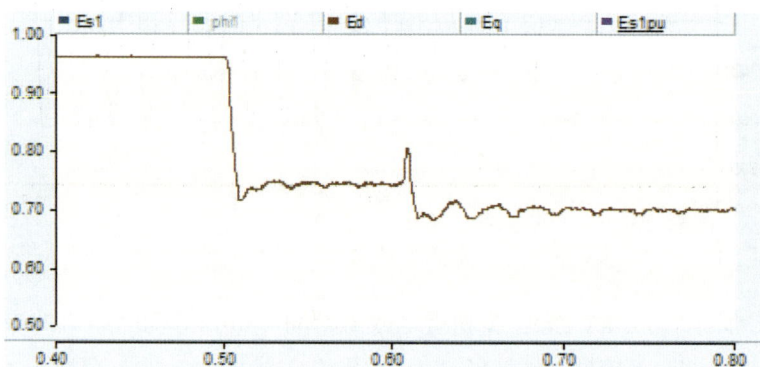

图 6-48　光伏电源出口电压幅值

如图 6-47 和图 6-48 所示，开关 1 跳开、光伏电源与本地负载形成孤岛运行后，光伏电源出口电压约为 0.7（标幺值），频率降低约 40.5Hz。

这种情况下，110kV 变电站 B 的主变压器 110kV 侧中性点零序电压 $3U_0$ 的波形如图 6-49 所示。

如图 6-49 所示，110kV 线路 A 相接地故障期间，110kV 变电站 B 的主变压器 110kV 侧中性点零序电压 $3U_0$ 有效值约为 87.8kV；开关 1 跳开后，$3U_0$ 有效值约为 116.7kV，TV 变比按 $\frac{110}{\sqrt{3}}$ kV/100V 考虑，二次值达到 183.7V，间隙击穿后中性点电流如图 6-50 所示。

7. 结论

（1）当光伏并网容量远大于负载功率、或接近于负载功率时，即系统侧电源跳开后，

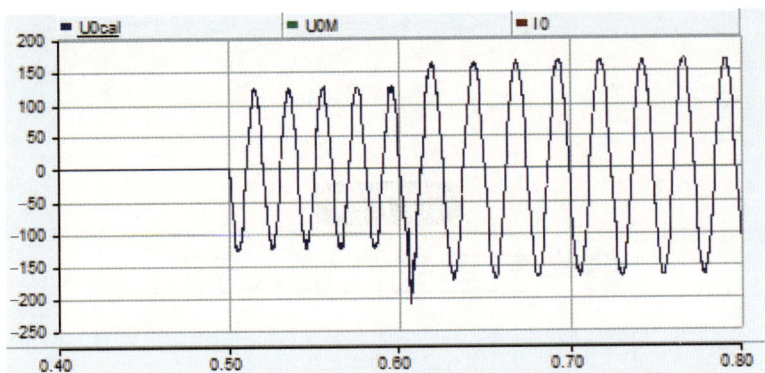

图 6-49　110kV 变电站 B 主变压器 110kV 侧中性点零序电压 3U_0 波形

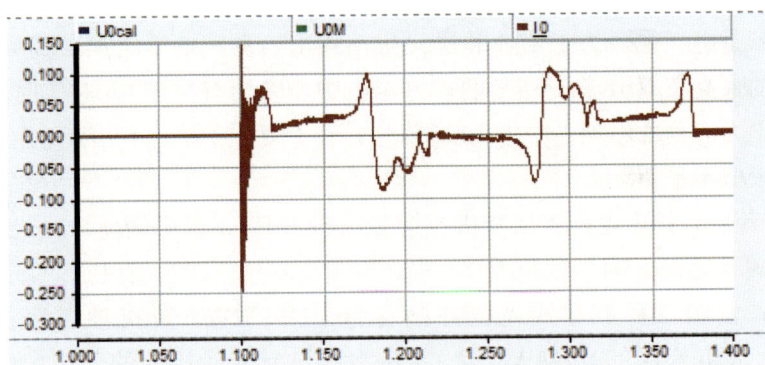

图 6-50　间隙击穿后中性点电流

光伏与负载形成孤岛运行，电压高于 1.2（标幺值）或在 0.85～1.1（标幺值）之间时，电压和频率的变化会导致光伏电源在较短时间内脱网，因此不会导致经间隙接地的主变压器中性点过电压。

（2）当光伏并网容量大于负载功率不多、或小于负载功率较多时，即系统侧电源跳开后，光伏与负载形成孤岛运行，电压在 1.1～1.2（标幺值）之间或小于 0.85（标幺值）时，光伏与负载形成孤岛运行会导致经间隙接地的主变压器中性点过电压，导致间隙击穿、间隙保护动作，扩大了动作范围，甚至导致负荷损失。

（3）在光伏并网容量大于负载功率不多、或小于负载功率较多时，有必要完善相关保护功能，如：

1）配置安稳装置，判别光伏并网通道"断开"后切除光伏并网线路。

2）完善光伏接入的主变压器间隙保护功能，通过变压器间隙保护动作快速段联切光伏并网线路、慢速段跳主变压器三侧。

第7章

扬中整县光伏接入示例

7.1 扬中电网概况

扬中春、秋季电耗主要为工商业和居民生活用电，夏、冬季空调负荷则占较大比重，近年来，扬中的最高负荷分布于夏冬两季（早、中、晚均有出现），对应时刻光伏出力较小；光伏最大出力时刻均出现在中午 12 时附近，春、夏、秋季均有出现，光伏最大出力时刻总负荷处于较低水平。

截至 2021 年底，扬中电网光伏装机容量 235.843MW，其中调度口径光伏电站 33 座，容量 90.943MW（全额上网光伏电站 31 座，容量 86.443MW；余电上网光伏电站 2 座，容量 4.5MW）；营销口径分布式光伏并网容量 144.9MW，装机渗透率（装机容量为 235.843MW/最大负荷为 358.1MW）达 65.86%。已有光伏接入的公用配电变压器 2011 台，占配电变压器总数的 62%（全省平均水平约 14.39%），其中存在倒送情况的 1168 台，占已有光伏接入的公用配电变压器 58.08%。光伏接入容量渗透率全省排名第一，按照未来三年扬中计划新增光伏装机容量，光伏装机渗透率将超过 80%。

近年来扬中地区电厂光伏总装机容量持续上升，光伏发电量逐年稳步增长。目前，扬中区域电网通过 4 条 220kV 线路（2 个过江通道）与镇江主网联络。有 220kV 变电站 3 座，变压器 5 台，容量为 96 万 kVA；110kV 变电站 10 座，变压器 20 台，容量为 90.35 万 kVA；有 110kV 线路 14 条，总长度为 169.82km，35kV 线路 11 条，总长度为 55.77km，10（20）kV 电网线路 164 条，总长度 1300.08km；有 10kV 公用变压器 3189 台，容量为 114.7 万 kVA，10kV 专用变压器 2156 台，容量为 64.08 万 kVA。配电网自动化建设方面，扬中 10kV 配电网线路共 160 条（不含专线），全部配置配电自动化功能。其中集中型配置 108 条，就地型配置 52 条；投全自动 FA 功能的线路一共 66 条，全自动线路占比 41.25%；三遥终端 407 台，二遥终端 370 台，FTU 573 台，在线率 88.54%，DTU 201 台，在线率 91.3%。

7.2　示 范 工 程 概 况

7.2.1　分布式光伏可观可测技术

1. 建设内容

台区层面，开展基于融合终端的台区分布式光伏分钟级监控方案试点，包括"集中器-融合终端"本地交互方案、新型融合终端直接采集方案和集中器伴听方案。

"集中器-融合终端"本地交互方案，利用Ⅰ型集中器采集光伏并网点信息，并通过集中器与融合终端的本地信息交互，实现光伏可观可测。台区智能融合终端与Ⅰ型集中器本地交互方案图 7-1 所示。

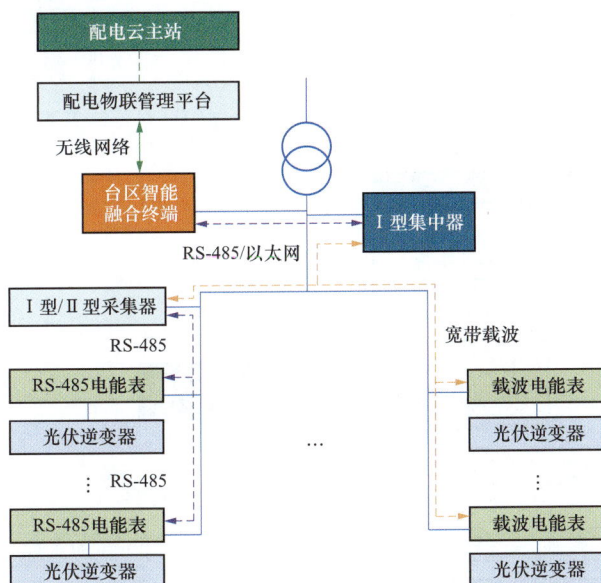

图 7-1　台区智能融合终端与Ⅰ型集中器本地交互方案

新型融合终端直接采集方案，利用台区新型智能融合终端直接采集光伏电能表数据，实现光伏可观可测。基于新型台区智能融合终端的光伏可观可测方案示意图如图 7-2 所示。

集中器伴听本方案通过安装融合终端伴听模块，接收集中器与电能表通信的宽带载波信号以获取电能表数据，实现光伏可观可测。台区智能融合终端与Ⅰ型集中器伴听方案如图 7-3 所示。

2. 建设成效

目前已在镇江扬中 734 个存量融合终端台区开展集中器伴听试点，在 38 个新型融合终端台区开展电能表数据直采试点，在 283 个台区开展"集中器-融合终端"本地交互方案试

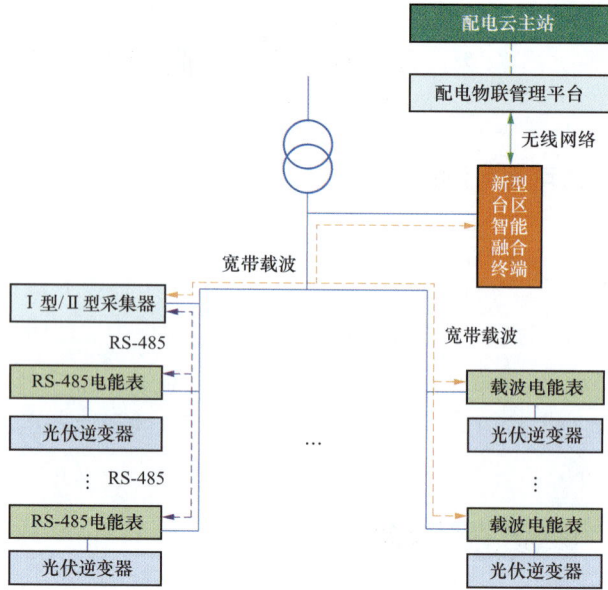

图 7-2　基于新型台区智能融合终端的光伏可观可测方案示意图

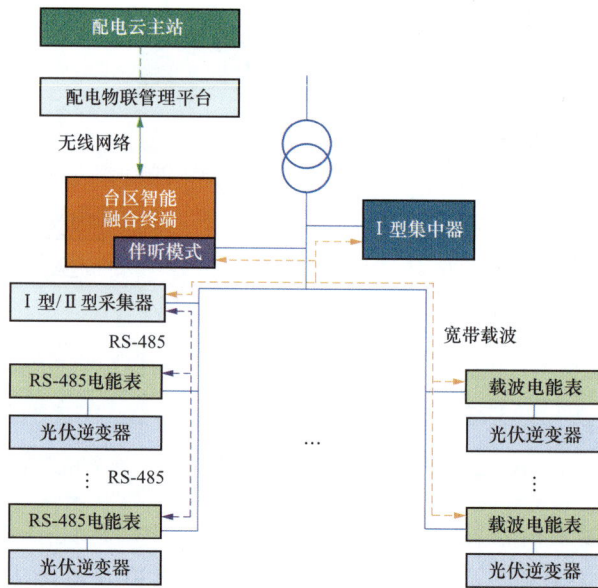

图 7-3　台区智能融合终端与Ⅰ型集中器伴听方案

点，采集的电能表数据实时上传云主站。根据营销共享的台区光伏电能表台账信息，可进一步筛选出光伏电能表数据。云主站电能表数据展示界面如图 7-4 所示。

当前，分布式光伏可观可测系统已在调控云稳定运行，一方面，在国家电网有限公司范围内首次实现了省、市、县、台区、用户多层级低压分布式光伏实时出力的"分钟级"观测及未来出力预测，经与营销用采系统实际采集的"滞后且低频"的光伏出力对比，估算准确率达 97%，预测准确率达 90%。另一方面，常态化为全省提供低压分布式光伏基础

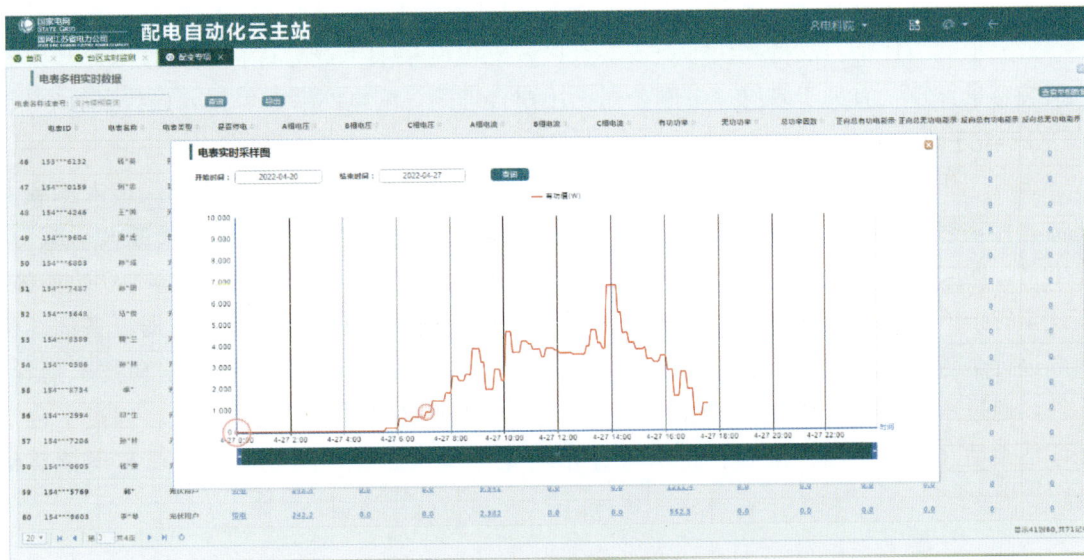

图 7 - 4　云主站电能表数据展示界面

数据服务，可以为业扩无条件接入、分布式电源就地消纳等提供数据支撑。用数据驱动的方式解决全省高渗透率分布式光伏对电力平衡分析、电能质量监测、清洁能源消纳等一系列主电网、配电网、调度运行管理难题。

项目充分发挥挖掘了融合终端实用价值，建立分布式资源全景监测体系，实现示范区分布式资源全景监测，建立基于台区智能融合终端的智能化运检体系，通过低压反孤岛装置标准化配置与应用，智能开关一键切除 APP，构建"一防一反"安全检修"双保险"，避免孤岛效应产生的危害，通过故障精准研判与主动抢修 APP，高效支撑检修计划制订。建立了高供电质量示范台区，通过开展台区综合电能质量治理示范应用，实现台区电能质量就地治理；通过开展剩余电流应对措施示范应用，避免台区因光伏剩余电流造成的频繁停电。

7.2.2　承载力在线仿真平台

1. 建设内容

电科院自主研发整县光伏接入配电网承载力在线仿真平台并推广应用。通过在线获取全省配电网实际拓扑、运行数据，可对电压偏差、设备过载、短路电流、电压波动、线路损耗、反向负载率 6 项光伏承载力指标进行量化评估。可进行以下评估：

现状评估：支持已安装光伏对现有配电网的影响评估，掌握各地市光伏接入配电网现状与存在问题。

整县光伏接入规划评估：支持规划光伏接入配电网承载力评估，可视化定位光伏接入后配电网薄弱环节，为未来光伏接入规划提供决策依据。

解决方案评估：支持网架升级、柔性互联、分布式储能等配电网解决方案的前后对比成效评估，为制定整县光伏改造方案提供技术指导。

最大承载力评估：支持光伏单点或多点接入配电网最大承载力评估，支撑用户光伏业扩报装容量评审，有助于政府、电网公司、用户合理测算配电网潜在可接入光伏最大容量。

2. 取得的成效

试点应用：已开展扬中、吴江、宿迁、沛县、灌南、高邮等地区整县光伏接入承载力评估，评估接入方案可行性、精准定位光伏接入配电网薄弱环节，测算光伏最大承载力，提出目标网架升级优化、适度柔性互联、分布储能优化布置、配电变压器扩容等解决措施。

全省推广：目前电科院已完成全省四万余条配电线路的建模，对接省公司设备部、营销部进行全省推广应用，为全省整县光伏接入和用户光伏报装提供决策依据和技术指导。并且，通过承载力分析平台，细化研究进一步提升江苏省的网架强度的方法，通过平台精准评估柔性互联、光储直柔等新技术对分布式光伏接入后的影响，帮助公司实现精益化投资。

7.2.3 分布式光伏"近区消纳"模式新型配电系统

1. 建设内容

在台区层面，应用低压柔性互联装置连接光伏台区与邻近负荷较大台区，避免配电变压器增容改造。柔性互联装置通过即插即用通信单元接入互联双侧台区的融合终端，实现柔性互联运行状态监控。

针对电动汽车规模快速扩大，直流源荷分布密集化的配电网源荷发展趋势，建设光储充直柔微电网工程，实现直流源荷就地平衡消纳，微电网内资源主动聚合，支撑配电网运行。通过打造交直流互联的配电网架结构，实现分布式光伏"近区消纳"。微电网协调控制器对微电网本地设备进行全面监控，并通过网口直接接入双侧台区融合终端，云主站可经融合终端对微电网协调控制器下达台区功率互济指令和运行状态切换指令，实现对微电网整体的控制。

2. 取得的成效

扬中建新村3号变台区光伏安装条件优越，预计新增光伏容量可达400kW，届时配电变压器将存在倒送超容风险。在建新村3号变压器和与之邻近的客运中心公用变压器低压侧新建1套200kW高效非隔离型柔性互联设备，布置于客运中心变配电房，实现各台区负载率均衡控制，可使建新村3号变压器午间最大倒送负载率由107％降低为70％，有效削减倒送高峰，在避免增容改造的同时实现光伏近区消纳。由此可见，通过低压侧台区柔性互联的模式，实现各台区负载率与线路功率均衡控制与电能质量治理。同时，将东西侧线路邻近台区进行低压侧互联，为西侧光伏功率向东侧负荷区输送提供具有灵活控制能力的通道，打造切换灵活、功率互济的有源配电网结构，灵活控制潮流分布，在最大化实现光伏发电就地消纳的同时避免功率的无序流动与长距离跨线路输送，实现新型配电网架在大规模分布式光伏接入下的灵活控制与安全经济运行。扬中站房低压柔性互联图如图7-5所示。

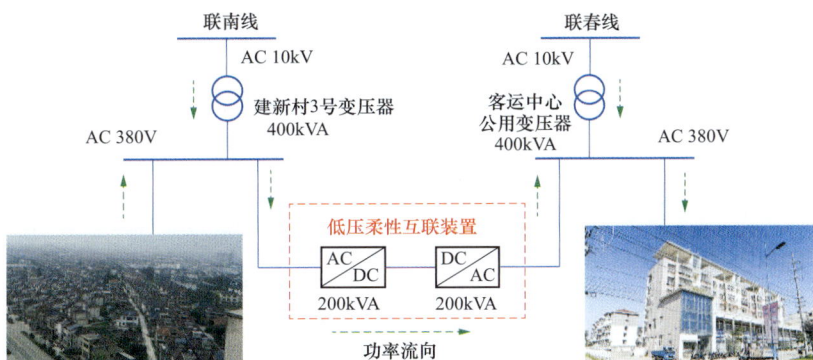

图 7-5　扬中站房低压柔性互联

在扬中电气工业品城建设光储充直柔高效微电网,建设 100kW 分布式光伏发电系统、30kW 直流充电桩 8 台、50kW/25kWh 钛酸锂电池储能系统 2 套和 250kVA 低压柔性互联装置 1 套,保障光伏、储能、充电桩的直流接入与就地消纳,实现绿电存储,平抑快充尖峰,支撑电网一次调频。

7.2.4　中压柔性互联系统

1. 建设内容

首先是联合扬中供电公司在全国范围内率先建设户外柜式三端口中压柔性互联系统。户外柜式三端口中压柔性互联系统三端口容量达到 3、1.5、1.5MW,分别接入 10kV 联南线、联春线末端与 10kV 新江线首端。该系统在全国范围内首次采用户外柜式柔性互联设计,单个户外柜内集成了变压器和变流器,可根据应用需要,独立配置互联端口。其次是柔性互联装置的端口越多,其控制算法也越复杂,为了使柔性互联装置能够充分发挥其应用价值,提升配电网新能源就地消纳能力和高效安全运行能力,国网江苏省电力有限公司电力科学研究院自主研制了多端口柔性互联协调控制器(如果把三端口中压柔性互联装置看作一个丁字路口,协调控制器就可以看作是路口的交警),是柔性互联系统装备智慧"大脑",在协调控制器的指挥下,电力如同车流般在三条线路之间有序流动,每条线路的流量都被控制在合理范围内,保证三条线路整体高效运行。

2022 年 6 月 29 日,镇江扬中 110kV 新坝变电站内,国内首套户外柜式三端口中压柔性互联系统安全运行一周。根据主站数据统计,3 条互联 10kV 线路整体线损较柔性互联系统投运前降低 3.9%,柔性互联系统应用成效初显,有效提升了系统分布式光伏就地消纳水平。

2. 取得的成效

柔性互联装置:工程采用的户外柜方案区别于传统的预制舱方案,单体集成度高,端口扩展灵活,利于实现柔性互联端口标准化,具有较高的推广价值。通过柔性互联装置实现三条线路灵活合环运行,将负荷较重的线路末端与光伏倒送较重的线路首端相连,不仅倒送的光伏电力可以不经过电压变换,直接移送至负荷较重的区域消纳,还可以实现线路间负载均衡,提升系统整体运行效率。

协调控制器：协调控制器的应用实现了互联装置三端口潮流灵活控制，有效减少了光伏倒送110kV变压器，削减20％的倒送尖峰，全面提升系统运行效率和光伏消纳水平。据测算，系统投运后减少的线损电量折合每年减少17t二氧化碳排放，有力支撑"双碳"目标实现。同时，利用柔性互联装置可在线路故障隔离情况下实现最少60％用电负荷的转移，进一步提升了供电可靠性。

7.2.5 台区分散式储能示范工程

1. 建设内容

针对光伏倒送严重台区，综合考虑台区消防条件和安装空间限制，在配电站房内配置落地式储能或在柱上变压器旁配置台架式储能。储能容量由安装空间和台区保供电能力需求确定，满足中压线路故障下，台区在一定时间内的供电需求。

储能利用即插即用技术接入台区智能融合终端，在配电云主站实现储能运行状态监控。台区分散式储能配置示意图如图7-6所示。

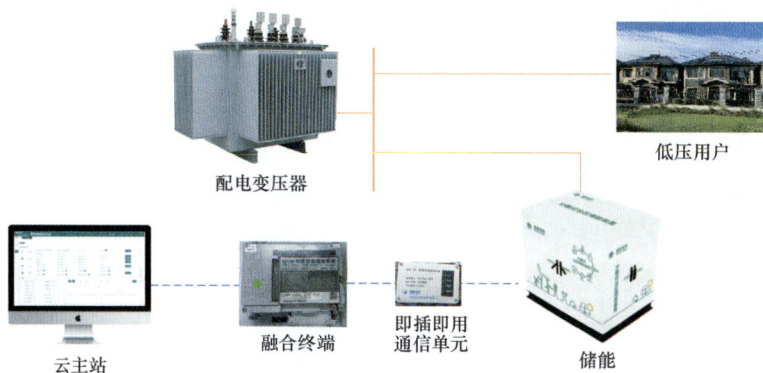

图7-6 台区分散式储能配置示意图

2. 取得的成效

结合台区安装空间条件与日功率曲线，在镇江扬中三个典型光伏倒送台区分别安装单个容量60kWh左右的2套磷酸铁锂分散式储能系统和1套固态电池分散式储能。台区分散式储能可以通过存储白天盈余光伏，减少台区倒送10kV线路的功率，在夜间对负荷供电，实现台区全"绿电"消纳。当中压线路发生故障或停电检修造成台区外部电源缺失时，分散式储能可进入离网运行状态，保障台区3～5h的供电，提升台区供电可靠性。国网江苏省电力有限公司在分布式光伏技术发展方面做了积极的探索和实践研究，取得了显著的成效，积累了丰富的经验，为后续分布式光伏发展提供了技术保障。但分布式光伏涉及"源、网、荷、储"四侧，点多面广，电网企业需要立足实际，着眼未来，还需从政策赋能实现共建共担、标准规范实现严管优服、电网运行实现安全可靠等方面制定有利于解决分布式光伏发展关键问题的有序发展策略。并且，分散式储能也可综合解决台区超容、电能质量超标及供电可靠性问题。